WORLD ORGANISATION FOR ANIMAL HEALTH
Protecting animals, preserving our future

OIE 全球兽医教育和兽医法定机构大会纪实

Proceedings of the OIE Global Conference on Veterinary Education and the Role of the Veterinary Statutory Body

世界动物卫生组织（OIE） 编
中国动物卫生与流行病学中心 组译
李卫华 王媛媛 王 岩 主译

中国农业出版社
北 京

致谢

感谢会议指导委员会的友好合作：

Bernard Vallat 博士（主席）

Guilherme Marques 博士（巴西）

Benedito Fortes de Arruda 博士（巴西）

Daniel Chaisemartin 博士（OIE）

Luis Barcos 博士（OIE）

Dietrich Rassow 博士（OIE）

Victor Saraiva 博士（OIE）

感谢会议科学委员会的友好合作：

Dietrich Rassow 博士（主席）

Sarah Kahn 博士

Ron DeHaven 博士

Louis Joseph Pangui 博士

Jan Vaarten 博士

Guilherme Henrique Figueiredo Marques 博士

Froilán Enrique Peralta 博士

Parntep Ratanakorn 教授

Antonio Felipe Wouk 博士

Pierre Lekeux 教授

Timothy Ogilvie 教授

Gert Niebauer 教授

感谢会议组织委员会的友好合作：

Guilherme Marques 博士（共同主席）

Benedito Fortes de Arruda 博士（共同主席）

Daniel Chaisemartin 博士（共同主席）

Rosane Henn 女士（MAPA）

Denise Euclydes 博士（MAPA）

Carlos Pizarro 博士（MAPA）

Juliana A. C. Bianchini 博士（MAPA）

Antonio Felipe Wouk 博士（CFMV）

Rafael Mondadori 博士（CFMV）

Luis Barcos 博士（OIE）

Victor Saraiva 博士（OIE）

Ingrid Arias 女士（OIE）

世界动物卫生组织（OIE）对下列合作伙伴和赞助方为会议提供资金支持表示感谢和赞赏：

澳大利亚政府（农业部）、
欧盟（欧盟委员会）、德国、
法国兽医最高委员会、默沙东动物保健和 WSPA。

OIE 特别感谢巴西当局和巴西联邦兽医委员会提供非常宝贵的协作、合作和资金支持。

《OIE出版物系列丛书》翻译委员会

本书翻译委员会

主　译　李卫华　王媛媛　王　岩

译　者（按姓氏拼音排序）

盖文燕　韩凤玲　贾智宁　李卫华　刘德举

刘丽蓉　苏　红　王伟涛　王　岩　王媛媛

肖　肖　翟海华　周圣铠　周晓翠　朱　琳

主　审　滕翔雁　韩　谦

审　校（按姓氏拼音排序）

李卫华　刘德举　王　岩　王媛媛　翟海华

总　　序

世界动物卫生组织（OIE）成立于1924年，现有182个成员，总部在法国巴黎。OIE是世界贸易组织指定负责制定国际动物卫生标准规则的唯一国际组织。各成员间开展动物及动物产品贸易须遵循OIE的规定。

自2007年恢复在OIE合法权益后，我国全面参与OIE工作，成果丰硕。一方面，我国牛瘟、牛肺疫、非洲马瘟等无疫和疯牛病风险可忽略状况得到OIE认证，21家兽医实验室被确定为OIE参考实验室或协作中心，1家单位被确定为牛瘟病毒保藏机构，标志着我国动物疫病防控成效、兽医实验室科技能力和水平得到广泛认可；另一方面，我国积极主动参与其技术议题研究和标准制修订工作，积极推动将国内动物疫病防控和兽医管理经验转化为国际标准，为推动全球兽医工作发展贡献了中国智慧。

“十三五”期间，我国重大动物疫病防控由以免疫为主向综合防控转型，强制免疫、监测预警、应急处置和控制净化等制度不断健全，重大动物疫情应急实施方案逐步完善，动植物保护能力提升工程深入实施，动物疫病综合防控能力明显提升，非洲猪瘟、高致病性禽流感等重大动物疫病得到有效防控，全国动物疫情形势总体平稳。“十四五”时期是全面建设社会主义现代化国家新征程、向第二个百年奋斗目标进军的首个五年，是全面推进乡村振兴、加快农业农村现代化的关键五年，也是畜牧业高质量发展、提升质量效益和竞争力的重要五年。我们要以习近平新时代中国特色社会主义思想为指导，认真落实党中央、国务院决策部署，完整、准确、全面贯彻新发展理念，强化动物防疫体系建设，不断提高动物疫病防控水平。我们要从战略高度和全局视野谋划未来、沉着应对，一方面要主动作为，进一步完善动物防疫法、进出境动植物检疫法及其配套规章制度设计，坚持“人病兽防、关口前移”，扎实做好重大动物疫病防控，维护养殖业生产安全、公共卫生安全和生物安全；另一方面要主动开展国际交流合作，努力营造和谐的国际环境，推动国际国内标准协调融合，促进我国兽医事业健康发展。

提高动物卫生和食品卫生安全水平，建立人类命运共同体，需要OIE各成员不懈努力，需要国际社会共享经验、密切合作。2012年3月农业部、2019年5月农业农村部先后与OIE就翻译、出版、发行其出版物签署了谅解备忘录，作为唯一授权机构在中国翻译出版OIE出版物。我们已经陆续出版了陆生与水生动物卫生法典2012版和2019版、陆生与水生动物诊断试验与疫苗手册2012版以及《兽医机构效能评估工具（第6版）》等书籍，本次出版是《全球兽医教育和兽医法定机构大会纪实（2013版）》。丛书的出版将对我国广大兽医工作者了解和学习最新国际动物卫生标准规则和管理理念有所裨益，对服务我国动物卫生工作大局发挥积极作用。

《OIE 出版物系列丛书》翻译委员会

2022 年 5 月

序　　言

《OIE 全球兽医教育和兽医法定机构大会纪实》由世界动物卫生组织（OIE）出版发行，目的是为全球兽医教育和兽医法定机构建设提供建议，确保兽医职业卓越和规范发展。

本书共分为 4 部分，分别对兽医教育全球形势、全球兽医法定机构情况、OIE 现有工具以及工具实施情况进行详实而完善的介绍。其中，第一部分介绍了兽医教育的全球形势，包括公共和私营部门兽医教育项目分析，全球 OIE 兽医教育 PVS 结果分析，私人兽医对兽医机构的贡献和教育需求，兽医教育科学研究应用，以及美洲、非洲、欧洲、亚洲、远东和大洋洲地区的兽医教育概况；第二部分介绍了全球兽医法定机构的情况，包括需要强大兽医法定机构的原因，OIE 兽医体系效能评估对兽医法定机构的情况分析，兽医法定机构的优势和不足，泰国兽医法定机构、兽医机构和兽医协会之间的关系，以及非洲、美洲、欧洲、亚洲、远东和大洋洲兽医法定机构的情况介绍；第三部分介绍了 OIE 现有工具，包括 OIE 相关标准，OIE 能力建设工具，OIE 合作中心在加强兽医教育、管理和兽医机构方面的作用，OIE 兽医立法协议相关经验，地中海兽医教育机构网络（REEV－Med）教育示例；第四部分介绍了 OIE 工具的实施情况，包括美洲兽医法定机构效能介绍，吉尔吉斯斯坦兽医法定机构建设经验，兽医教育机构间合作经验，欧洲兽医教育协会使用工具介绍，世界银行观点，以及亚洲兽医协会联合会（FAVA）对兽医教育的展望。这些 OIE 兽医教育和兽医法定机构相关信息对推动我国兽医事业高效、健康发展具有重要的促进作用。为便于借鉴 OIE 各成员和部分国际组织的经验和发展理念，我们对其进行翻译，以期对我国兽医事业发展提供助力，并提高兽医行业对食品安全、兽医公共卫生、动物福利、生物多样性、生物威胁应对等领域的服务质量。

本书的译校者以高度的责任心完成了译校任务，但受水平限制，难免会有不足之处，敬请广大读者谅解并提出宝贵意见。

本书的出版得到了 OIE 总干事 Monique Eloit 女士的授权许可和 OIE 出版发行部主任 Lucy HOGAN 女士及相关质量控制人员的大力支持和帮助。在此，仅向 OIE 表示由衷的感谢。

编　者

2022 年 5 月

前　言

在巴西联邦和州政府、巴西兽医学会，以及欧盟、德国、澳大利亚和新西兰等其他捐助方、致谢中提到的所有其他赞助商、我们的巴西同仁及本次活动所有参与者的支持下，世界动物卫生组织（OIE）正在创建有史以来兽医机构（包括公共和私营部门）、兽医教育界及兽医法定机构和协会之间的首个全球联盟。

在今后两天半的时间里，我们将在全球、区域和国家层面上加强以上三大支柱在良好兽医管理方面的协作关系。

会议的目标是提高兽医行业对社会的服务质量，因为社会对兽医行业抱有更广泛的期望，不仅局限于动物卫生。人们也在动物福利、食品安全、兽医公共卫生、生物多样性、研究和减少世界范围的生物威胁等领域，依赖兽医行业。

社会对兽医行业的认可是助推政府、国际捐助方和基金会未来投资改善兽医教育、扶持兽医教育机构、建设高效的兽医机构，以及赋予兽医法定机构更大的法律权力以监督兽医行业的质量和操守的主要先决条件。

兽医行业的卓越表现取决于严格的学生选拔，优质的课程内容，适宜的兽医专业学制教育和继续教育。虽然我们深知兽医辅助人员的重要性以及与这类专业人员相关的教育问题，但还是首先强调兽医教育，然后再讨论兽医辅助人员的教育。

OIE 的主要宗旨之一是改善全球动物卫生状况。一个符合全球质量、效率和道德实践标准的兽医行业是完成这项任务的前提。这就是 OIE 率先在全球范围内提出解决方案的原因。OIE 是一个标准制定组织，其决定是由 178 个成员在“一成员一票”的基础上做出的。

我们将在会议上进一步讨论这个问题，以便收集大家的意见，加强我们在提升兽医服务质量和效率方面的工作。

OIE 无意成为监管兽医教育的国际警察。相反，该组织的职能是评估形势、提出标准和指南，并加强关键的合作伙伴关系，鼓励兽医教育机构（VEEs）遵守 OIE 制定的标准并遵循其指南。

在对 120 个国家进行兽医机构效能自愿评估之后，我们认为全球兽医教育的现状并不令人满意。我们必须共同努力并采取一致的解决办法，同时还必须考虑当地的实际情况。

最灵活且最有效的解决办法可能是发达国家与发展中国家直接合作，特别是兽医教育机构之间的直接合作。师生之间的自愿交流是相互传授知识的很好方式。

所有这些方面的问题都将在会议上讨论，我相信这将有助于在全世界改善兽医教育并且提高对兽医行业重要性的认识。

再次向巴西表示衷心的感谢。

OIE 总干事

Bernard Vallat 博士

目　　录

总序
序言
前言

第1部分　兽医教育：全球形势

公共和私营部门兽医教育项目分析 …… 2
全球与区域范围内OIE兽医教育PVS结果分析 …… 4
私人兽医对兽医机构的贡献及相关教育需求 …… 15
兽医教育科学研究应用 …… 19
美洲地区的兽医教育 …… 26
非洲地区的兽医教育 …… 29
欧洲的兽医教育 …… 30
亚洲、远东和大洋洲地区的兽医教育 …… 34

第2部分　兽医法定机构：全球机构

为什么需要强大的兽医法定机构？ …… 42
OIE兽医体系效能评估对兽医法定机构的结果分析 …… 51
关于兽医法定机构优势和不足的分析 …… 55
泰国兽医法定机构、兽医机构和兽医协会之间的关系 …… 59
非洲的兽医法定机构 …… 63
美洲的兽医法定机构 …… 71
欧洲的兽医法定机构 …… 74
亚洲、远东和大洋洲地区的兽医法定机构 …… 77

第3部分　OIE的现有工具

OIE关于兽医教育和兽医法定机构的标准和建议及其在良好管理方面的作用 …… 80
供兽医教育机构和兽医法定机构使用的OIE能力建设工具 …… 82
OIE合作中心在加强兽医教育和管理方面的作用 …… 88
OIE合作中心在加强兽医机构方面的作用 …… 92
提高兽医法定机构的效能：OIE兽医立法协议方面的经验 …… 99
网上培训如何加强兽医教育？ …… 106
兽医教育机构网络如何提高教育质量：地中海兽医教育机构网络（REEV-Med）示例 …… 110

第 4 部分 OIE 工具的实施

兽医法定机构的效能：美洲的现状和演变 …… 114
吉尔吉斯斯坦建立兽医法定机构的经验 …… 115
兽医教育机构间合作方案的实践经验 …… 118
一家认证组织的观点：欧洲兽医教育机构协会应用的工具 …… 124
世界银行的观点 …… 127
亚洲兽医协会联合会（FAVA）对兽医教育的展望 …… 132

最终建议 …… 135
最终附加建议 …… 139

第 1 部分
兽医教育：全球形势

主席：Karin Schwabenbauer，OIE代表大会主席

公共和私营部门兽医教育项目分析

W. R. DeHaven 和 E. A. Sabin

摘　要

兽医教育是兽医行业进步和发展的基石。然而，兽医行业是多方面的，不同地区和国家的兽医职责受社会需求和期望、财政资源以及对伴侣动物与食用动物的重视程度等因素的严重影响。

此外，在许多国家，政府（公共）兽医是国家兽医服务的主要提供者，即在特定国家的立法机制和政府当局的支持下提供动物健康服务，以确保动物、人类和生态系统的健康和福祉。然而，在其他国家，则通过与私人兽医合作发展政府（公共）兽医队伍。在较发达国家尤其如此，在这些国家，按服务收费是伴侣动物和食用动物兽医执业的公认模式。

因此，在分析全球范围内公共和私营部门兽医的兽医教育项目时，必须认识到各国或各地区的需求、资源和能力可能大不相同。尽管如此，还必须认识到，虽然只有部分兽医通过国家兽医机构将其职业生涯重点放在公共执业上，但所有兽医都有责任促进动物卫生、动物福利和兽医公共卫生。

以下将讨论为私人和公共兽医建立扎实的兽医教育基础的关键步骤，并且将更详细地介绍具体的工作指南和建议，包括由 OIE 兽医教育特别工作组（AHG）制定的工作指南和建议：

-界定公共和私人兽医行使兽医服务任务的最低能力，并根据这些能力对兽医教育核心课程提出建议。

-把兽医教育的先决条件纳入指导兽医机构的管理文件中；

-对兽医教育机构实施质量保证程序。

关 键 词

最低能力；兽医教育核心课程；OIE 兽医教育特别工作组；兽医教育；兽医机构；兽医法定机构；世界动物卫生组织；OIE。

2009 年，OIE 成立了兽医教育特别工作组，负责处理第一届全球兽医教育大会的一些事务。在接下来的四年中，特别工作组制定了以下两份重要文件，并在 OIE 代表大会上获得通过：OIE 为确保国家兽医机构的服务质量提出的有关兽医毕业生（DAY 1 毕业生）能力的建议；兽医教育核心课程指南。

现已将这些文件纳入 OIE 的兽医机构效能评估工具（PVS 工具和 PVS 程序）。2012 年 OIE《科学和技术评论》中一篇关于兽医教育的文章对能力文件进行了详细描述。特别工作组编写的这两份文件主要供发展中国家和经济转型期国家的兽医教育机构在加强和完善课程时使用。此外，OIE 专家在评估成员兽医机构的过程中，当考虑到 PVS 工具的兽医教育部分时，也可以使用这些文件。

特别工作组编写的第二份文件（兽医教育核心课程指南）旨在作为一种工具，帮助兽医教育机构制定和开发课程，以确保 DAY 1 毕业生满足第一份文件（OIE 为确保国家兽医机构的服务质量提出的有关 DAY 1 毕业生能力的建议）中概述的预期要求。换句话说，在第二份文件中，课程被映射到第一份文件中提到的能力中。兽医教育核心课程指南旨在适应不同的兽医教育体系，可能是四年制、五年制或六年制。因此，建议提出教授每门课程的时间（早期、中期、后期）。这样能够调整兽医教育机构的具体课程，以体现出兽医学位项目的学习时间和任何兽医预备课程或学位的要求。

鉴于全球各地对兽医教育机构的社会和专业期望以及可用资源各不相同，兽医教育核心课程指南并不意味着认可单一的全球兽医课程。此外，OIE 还认识到，指南中所述的核心课程是指一系列标准课程。我们不能将其视为在确保建立高质量国家兽医机构的背景下成功教育兽医学生需要开展的唯一课程。

为兽医课程制定旨在使兽医 DAY 1 毕业生获得基本工作能力的指南，可能是评估兽医教育机构质量的必要的第一步。然而，仅有指南和基本的工作能力并不能构成有效的质量保证方案。教育认证等质量保证项目旨在确保兽医教育机构满足，并持续满足设定标准，这些标准准确地反映了在特定时间对特定社会和职业的最低期望。有效的质量保证项目还包括内部和外部审查程序，并明确持续改进兽医教育机构的方法。正如 OIE《科学和技术评论》中一篇关于兽医教育的文章详细解释的那样，可以由政府组织或独立于国家或地方政府但又得到其认可的组织进行教育认证或质量评估。政府认可认证结果可以使经认证的项目课程、学生和毕业生取得认可资格、获得某些权利，包括获得执业许可或注册的权利。

尽管有很多不同的职业道路可供兽医毕业生选择，但经过第一专业学位的教育过程应使所有毕业生至少具备与兽医机构直接相关的基本知识和技能。如果毕业生不能获得这些基本技能，国家兽医机构的服务能力将会受到不利影响，保护动物和公共卫生以及保障食品安全的能力也受到影响。因此，现在看来，兽医法定机构应该认识到兽医教育的重要性，并将基本要求纳入指导国家兽医机构管理的管理文件中。此外，应在国家或地方层面上通过立法解决兽医教育的质量问题。由兽医法定机构管理兽医执照、认证或注册程序是最常见的方法。

世界动物卫生组织将兽医法定机构定义为规范管理兽医和兽医辅助人员的独立部门。将兽医教育的先决条件和要求纳入兽医法定机构规范管理该行业的治理文件，将有助于确保获得执照、取得证书或已登记备案的兽医人员具备从事该行业的充分知识和技能基础。

总之，OIE 为确保国家兽医机构的服务质量提出的有关兽医毕业生（DAY 1 毕业生）能力的建议及兽医教育核心课程指南是评估教育项目的极佳工具。这类评估可以由兽医教育机构自身完成或属于在 OIE 兽医机构效能提升程序框架下国家兽医机构进行独立评估的部分。此外，兽医及兽医辅助人员教育项目的持续质量保证，对该行业的发展很重要，最好在国家或地区范围内开展，以反映社会和职业期望的差异。最后，政府对在私营和公立部门从业的兽医需满足的最低预期教育资质的认可，有助于确保兽医行业的质量，从而改善动物和人类的健康和福利。

全球与区域范围内 OIE 兽医教育 PVS 结果分析

S. Kahn

摘　要

兽医应以合乎伦理且专业的方式开展工作，他们的工作能力取决于高质量的基础教育和继续教育。然而，许多国家的兽医教育质量不高。为了加强兽医教育和管理，OIE 公布了相关标准和指南，并制定了强化相关机构的全球倡议。

OIE 兽医机构效能提升程序是一项全球性项目，其宗旨是提高国家兽医机构的质量（包括公立和私营部门）。OIE 兽医机构效能评估工具，应成员的要求用于评估兽医机构，包括与兽医教育和管理有关的关键能力。兽医机构效能评估是对兽医机构质量的“简要评估”，包括资质评估，兽医教育以及兽医法定机构对兽医行业的管理。若 OIE 成员希望加强本国兽医机构在这些方面的效能，可以请求为兽医教育机构或兽医法定机构开展更专门的评估工作或结对项目。OIE 持续与捐助方密切合作，以确保资金充足，使更多的成员能够从结对项目中获益。

本文从全球和地区层面详细介绍了 2006—2013 年期间针对兽医教育在 112 个国家进行兽医机构效能评估的结果。

关 键 词

基础兽医课程；OIE DAY 1 毕业生工作能力；兽医机构效能提升程序；兽医教育；OIE。

方　法

OIE 应成员的要求，利用其指定的兽医机构效能评估工具对国家兽医机构进行评估。兽医机构效能评估报告作为保密文件，未经相关成员的同意，OIE 不得向国际或区域伙伴机构（如世界银行或联合国粮食及农业组织）公布或在其网站（www. oie. int）上公布。2006—2013 年期间，OIE 共收到了 125 份兽医机构效能评估申请，并完成了 116 份。截至 2013 年 4 月，OIE 在其网站上公布了 19 份兽医机构效能评估报告，但更多报告已经提交给 OIE 的合作机构。

本文报告了在 112 个国家进行的兽医机构效能评估的结果，主要侧重于兽医教育方面。在 2009 年之前使用的 OIE 兽医机构效能评估工具版本中，兽医教育是关键能力 I-1：A 部分-兽医的一部分，兽医机构的专业和技术能力。兽医教育也可被看作关键能力Ⅲ-5 评估（兽医法定机构在规范管理兽医行业方面的职责）的一部分。在 2009 年修订兽医机构效能评估工具后，将兽医教育明确纳入关键能力 I-2A（兽医的专业能力）中。在 2013 年发布的第 6 版兽医机构效能评估工具中，关键能力 I-2A 的导言被修改为兽医 DAY 1 毕业生的专业能力，包括 OIE 规定的“DAY 1 毕业生工作能力”。这反映了 2012 版《陆生动物卫生法典》（简称《陆生法典》）中提及 OIE 关于兽医 DAY 1 毕业生应具备“DAY 1 毕业生工作能力”的建议。

与此类似，2009 年之前兽医机构效能评估报告中的关键能力Ⅰ-2 和 2009 年之后报告中的关键能力Ⅰ-3 都提到了继续教育问题。在本文中，为简单起见，我们在讨论兽医基础教育时关键能力为Ⅰ-2A，在明确介绍继续教育时关键能力为Ⅰ-3。

本文回顾了兽医机构效能评估报告中关于兽医基础教育和继续教育的结论以及兽医机构效能评估专家的相关评论。按照 OIE 成员分布地区对这些报告进行分组，并使用卡方检验对能力等级（LOA）的结果进行分析，以确定结果分布是否存在统计学上的显著差异。接下来，将目前可在 OIE 网站上查到的 19 份兽医机构效能评估报告，根据兽医教育的能力等级进行分组，并按组对兽医机构效能评估专家提供的基本要素进行回顾分析。

除了关于关键能力Ⅰ-2A 和Ⅰ-3 的能力等级结论外，本文还考虑了兽医机构效能评估专家关于关键能力Ⅲ-5（A 和 B，即兽医法定机构的权威和能力）的评论。根据《陆生法典》中的定义，兽医法定机构是负责规范管理国家执业兽医的独立权威机构。确保兽医教育的质量应是兽医法定机构的职责之一。与兽医教育质量有关的兽医法定机构的能力等级结论及兽医机构效能评估专家的相关评论，均被考虑在内。2010 年之前的评估结论仅提到单一的关键能力Ⅲ-5，但 2010 年及以后的评估结论将这一关键能力的结果分别列为 A 部分（兽医法定机构的权威）和 B 部分（兽医法定机构的能力），体现在兽医机构效能评估工具第 5 版中。

结　果

兽医教育关键能力的能力等级表 1 和表 2 分别为 OIE 各地区的能力等级结果。就关键能力Ⅰ-2A 而言，83 个国家中有 63 个国家（76%）的能力等级为 1～3；45 个国家（54%）为 3～5，4 个国家（5%）为 5。

就关键能力Ⅰ-3 而言，112 个国家中有 101 个国家（90%）的能力等级为 1～3，而且没有国家能力等级能达到 5。更糟糕的是，112 个国家中有 82 个国家（73%）的能力等级为 1～2，而相对关键能力Ⅰ-2A 来说，83 个国家中有 38 个国家（46%）的能力等级为 1～2。

卡方检验结果分析表明，各地区之间没有显著差异（$P>0.05$）。表 3 为计算结果。

表 4 为 2006—2014 年 2 月期间 OIE 收到的兽医机构效能评估申请及完成的数量。

表 1　兽医教育的能力等级（关键能力Ⅰ-2A）

能力等级	区域					
	非洲	亚洲和太平洋	美洲	中东	欧洲	全球
1	5	3	2	1	1	12（15%）
2	12	4	5	2	3	26（31%）
3	9	4	7	3	2	25（30%）
4	8	2	3	0	3	16（19%）
5	1	0	1	0	2	4（5%）
总计	35	13	18	6	11	83（100%）

表 2　继续教育的能力等级（关键能力 I-3）

能力等级	区域					
	非洲	亚洲和太平洋	美洲	中东	欧洲	全球
1	4	2	3	0	1	10（9%）
2	36	10	11	7	8	72（64%）
3	5	3	7	1	3	19（17%）
4	3	3	1	2	2	11（10%）
5	0	0	0	0	0	0（0%）
总计	48	18	22	10	14	112（100%）

表 3　OIE 地区能力等级分布的卡方检验

关键能力	H 值	自由度	*P*
I-2A	3.24	4	0.52
1-3	2.9	4	0.57

表 4　OIE 兽医机构效能评估情况（2006—2014 年 2 月）

OIE 地区	已收到的评估申请	已完成的任务数量	有效报告
非洲	53	50	39
美洲	25	22	18
亚洲和太平洋	21	18	11
欧洲	16	16	12
中东	13	11	5
总计	128	117	85

兽医机构效能评估申请（斜体表示已申请评估的成员和非成员，但在本文编制日期前 OIE 还未完成评估任务）：

非洲（53）：阿尔及利亚、安哥拉、贝宁、博茨瓦纳、布基纳法索、布隆迪、喀麦隆、*佛得角*、中非共和国、乍得、科摩罗、*刚果共和国*、刚果民主共和国、科特迪瓦、吉布提、埃及、赤道几内亚、厄立特里亚、埃塞俄比亚、加蓬、冈比亚、加纳、几内亚、几内亚比绍、肯尼亚、莱索托、利比里亚（非 OIE 成员）、利比亚、马达加斯加、马拉维、马里、毛里塔尼亚、毛里求斯、摩洛哥、莫桑比克、纳米比亚、尼日尔、尼日利亚、卢旺达、圣多美和普林西比、塞内加尔、塞舌尔、塞拉利昂、*索马里*、南非、苏丹、斯威士兰、坦桑尼亚、多哥、突尼斯、乌干达、赞比亚及津巴布韦。

美洲（25）：*阿根廷*、巴巴多斯、伯利兹、玻利维亚、巴西、智利、哥伦比亚、哥斯达黎加、多米尼加共和国、厄瓜多尔、萨尔瓦多、*危地马拉*、圭亚那、海地、洪都拉斯、牙买加、墨西哥、尼加拉瓜、巴拿马、巴拉圭、秘鲁、苏里南、特立尼达和多巴哥、乌拉圭及*委内瑞拉*。

亚洲和太平洋（21）：孟加拉国、不丹、文莱、柬埔寨、斐济、印度尼西亚、伊朗、朝鲜民主主义人民共和国、老挝、马尔代夫、蒙古、缅甸、尼泊尔、*新喀里多尼亚*、*巴基斯坦*、菲律宾、斯里兰卡、泰国、东帝汶、*瓦努阿图*及越南。

欧洲（16）：阿尔巴尼亚、亚美尼亚、阿塞拜疆、波斯尼亚和黑塞哥维那、保加利亚、格鲁吉亚、以色列、哈萨克斯坦、吉尔吉斯斯坦、罗马尼亚、塞尔维亚、塔吉克斯坦、土耳其、土库曼斯坦、乌克兰及乌兹别克斯坦。

中东（13）：阿富汗、巴林、*伊拉克*、约旦、科威特、黎巴嫩、阿曼、巴勒斯坦民族权力机构（非OIE成员）、卡塔尔、*沙特阿拉伯*、叙利亚、阿拉伯联合酋长国及也门。

OIE官网刊登的兽医机构效能评估报告、评估年份及关键能力Ⅰ-2A、Ⅰ-3和Ⅲ-5下的能力等级详见表5。

表5　OIE官网刊登的兽医机构效能评估报告（2014年2月）

国家（年份）	能力等级		
	基础教育	继续教育	兽医法定机构*
中非共和国（2010）	1	2	2，1
几内亚（2007）	2	2	4
越南（2007）	2	1	1
几内亚比绍（2008）	2	2	2
海地（2010）	2	2	1，不适用
伯利兹城（2008/2009）	3	2	3
尼日利亚（2007）	3	3	4
巴拿马（2007）	3	2	4
玻利维亚（2008）	3	2	2
叙利亚（2008）	3	3	4
塞舌尔（2011）	3	2	1，不适用
巴西（2007）	4	1	3
斯威士兰（2007）	4	3	4
纳米比亚（2008）	4	3	4
巴拉圭（2009）	4	3	1
博茨瓦纳（2010）	4	3	3，2
以色列（2011）	4	2	1，1
乌拉圭（2007）	5	3	1
智利（2010）	5	4	1，不适用

注：* 2010年及以后进行的评估分别就关键能力Ⅲ-5的A部分和B部分给出了能力等级。

结果讨论

OIE的兽医机构效能评估程序简述如下。

兽医机构效能评估程序

应成员要求，兽医机构效能评估工具用于评估国家兽医机构的质量。当前版本的兽医机构效能评估工具包括47项关键能力，其法律依据见《陆生法典》。在第6版兽医机构效能评估工具（2013年）中，关键能力Ⅰ-2A（兽医的能力）和Ⅰ-3（继续教育）与兽医教育相关。此外，在考虑一个国家的兽医教育质量时，还应考虑到兽医法定机构规范管理兽医行业的关键能力Ⅲ-5（A和B）。

在兽医机构效能评估工具中，所有关键能力的能力等级均有界定，并列出了《陆生法典》的相关参考资料，供各国政府和兽医机构效能评估专家参考。示例1和2分别列出了第6版兽医机构效能评估工具（2013年）中关键能力Ⅰ-2A和Ⅰ-3的标准和相关的《陆生法典》参考资料。

示例1　关键能力Ⅰ-2A：能力等级和《陆生动物卫生法典》参考资料

Ⅰ-2　兽医和兽医辅助人员的能力

兽医机构高效履行兽医和技术职能的能力，以其兽医和技术岗位人员的资质进行衡量。

A. 兽医的专业能力，包括OIE规定应具备的DAY 1毕业生工作能力

能力等级

1. 兽医的专业实践、知识和态度水准不一，通常可从事兽医机构的初级临床和管理活动。

2. 兽医的专业实践、知识和态度水准一致，通常可从事精确且恰当的兽医机构临床和管理活动。

3. 兽医的专业实践、知识和态度通常允许其从事兽医机构的所有专业/技术活动（如流行病监测、预警、公共卫生等）。

4. 兽医的专业实践、知识和态度通常允许其从事兽医机构可能需要的专业活动。

5. 兽医的专业实践、知识和态度能够定期提升，能进行国际协调，或能参与评估。

《陆生法典》参考资料：

第3.1.2条第1～5项质量体系基本原则：专业判断力/独立性/公正性/廉正性/客观性。

第3.1.2条第7和14项质量体系基本原则：组织概况/人力与财力资源。

第3.2.5条人力资源评估标准。

第3.2.12条兽医法定机构评估。

第3.2.14条第1～2项和第5项兽医机构的组织和结构/国家人力资源信息/实验室机构。

示例2　关键能力Ⅰ-3：能力等级和《陆生动物卫生法典》参考资料

Ⅰ-3 继续教育（CE）

兽医机构（VS）维持和提高其人员在相关信息和理解方面的能力，以相关培训项目的执行情况进行衡量。

能力等级

1. 兽医机构没有接受兽医、专业或技术方面继续教育的机会。

2. 兽医机构有不定期地接受继续教育（内部及/或外部培训项目）的机会，但没有考虑到需求、新信息或理解能力。

3. 兽医机构有机会接受经过每年审查并按需要更新的继续教育，但仅适用于某类相关人员。

4. 兽医机构有机会接受经过每年审查并按需要更新的继续教育，适用于全体相关人员。

5. 兽医机构有机会接受最新的继续教育，适用于所有相关人员并定期评估其成效。

《陆生法典》参考资料：

第 3.1.2 条第 1、7 和 14 项质量基本原则：专业判断力/组织概况/人力与财力资源。

第 3.2.5 条人力资源评估标准。

第 3.2.10 条第 4d）项兽医机构管理：员工在职培训与发展项目。

第 3.2.14 条第 9 项绩效评估与审核项目。

对每一种关键能力按 1～5 级划分能力等级。能力等级每升高一级，则假定兽医机构完全满足之前所有等级的要求。当兽医机构被认为遵循了《陆生法典》关于某一关键能力的所有建议时，其可获得最高等级（5 级）。

通过收集文件和其他信息、视察工作现场、举行会议以及与政府官员和最重要的利益相关群体的代表进行访谈，开展兽医机构效能评估。为了评估兽医教育的质量，兽医机构效能评估专家与兽医教育机构和兽医法定机构的代表举行会议，并评估许多其他信息。兽医法定机构对兽医获得执业执照或注册的要求，实际上是对该国开展兽医基础教育和继续教育的最低标准。对于在该国或其他国家接受教育的兽医都是如此，即便不同国家的教育质量评估程序可能有所不同。

在《兽医机构效能评估员手册》中指标清单和验证来源（见示例 3 和 4）的指导下，兽医机构效能评估专家确定每项关键能力的合适能力等级。专家起草报告，在送交国家审查之前，先根据 OIE 制定的程序进行同行评议。

示例 3　关键能力 I-2A：一些绩效指标和验证来源

兽医培训机构名单
兽医课程表
每年的兽医毕业生人数
兽医示范学院实地参观
采访在公立和私营部门工作的兽医
采访利益相关方，了解他们对兽医能力的看法
拥有研究生学历的兽医人数
兽医学院的国际评价/认可
参与区域或国际教育标杆管理项目

示例 4　关键能力 Ⅰ-3：一些绩效指标和验证来源

培训方案或培训项目合同清单
培训项目参加人清单（姓名和职位）
相关人员培训计划
培训项目的内容
对培训者和受训者的访谈
管理程序（如评估需求、选择参加人等）
继续教育的记录和追踪调查
培训计划绩效评估、反馈和更新的证明
培训项目的成效（如评估结果等）
修业后评估（建议的执行情况）
继续教育与职能或职位之间关系的证明

兽医机构效能评估组长和 OIE 认真考虑各国对草拟报告提出的任何评论意见，并对报告进行定稿。除非有关国家书面同意公布报告的部分或全部内容，否则应对所有兽医机构效能评估报告保密。截至 2013 年底，有 19 个国家同意在 OIE 的网站上公布其兽医机构效能评估报告，还有更多国家同意与 OIE 在全球范围内的合作机构和国际捐助方分享该报告，以改善兽医机构。

与关键能力 Ⅰ-2A 和 Ⅰ-3 相关的一些绩效指标和验证来源分别见示例 3 和 4。

OIE 关于兽医教育的标准和建议

社会和政府期望兽医行业为保护人类健康免受人兽共患病之害，并为保证食品安全、动物健康和动物福利做出贡献。兽医行业只有在兽医基础教育和继续教育均达到可接受水准时，才能满足这些期望。根据 OIE 的定义，兽医机构包括在公共和私营部门工作的兽医。兽医教育质量是兽医机构质量的基础，应是政府、农业和食品行业组织、科研机构和大学（包括教师和学生）优先考虑的问题。然而，许多国家，特别是发展中国家，难以达到 OIE 关于兽医机构质量的相关标准，这些标准载于《陆生法典》第 3 篇兽医机构质量。该篇具体提到了兽医教育（第 3.2.14 条）和兽医法定机构在兽医行业管理中的职责（第 3.2.12 条），其中包括将最低教育要求的标准设定为兽医执业许可/注册的基准。

除标准之外，OIE 还公布了指导意见，帮助成员实施 OIE 关于兽医教育的建议，即 OIE 为确保国家兽医机构的服务质量提出的有关兽医毕业生（“DAY 1 毕业生”）能力的建议，以及兽医教育核心课程的指南。对成员的进一步支持见 OIE《结对项目程序手册》，本手册应在为加强兽医教育机构或兽医法定机构申请结对项目时使用。关于 OIE 对于兽医教育机构和兽医法定机构的倡议和支持活动的详细信息，包括结对指南，可在 OIE 的网站上找到。

兽医机构在兽医教育方面的效能

在关键能力 Ⅰ-2A 和关键能力 Ⅰ-3 方面，分别有 76％和 90％的国家达到了能力等级 1、2 或 3。在继续教育方面，有 73％的国家达到了能力等级 1 或 2，而在关键能力 Ⅰ-2A 方面，有 46％的国家达到能力等级 1 或 2。

这些结果表明，在开展兽医机构效能评估的大多数国家中，兽医教育的质量并不令人满意。对一个国家的兽医机构效能评估涉及对该国特有因素的评估，包括其地理、历史、文化、传统、经济形势和政治结构。虽然各个国家的情况千差万别，但在审查兽医机构效能专家的评估结果时，会发现一些共同主题。关于专业人员素质的政策，包括由国家或其他认证机构对提供高等教育的机构进行的独立认证，政府应重点考虑。这同时适用于设有和没有兽医教育机构的国家。一些国家没有兽医教育机构，而另一些国家则有很多，但他们都可能需要引进外国毕业生来弥补合格兽医的数量不足。

在兽医机构效能评估中，不具备兽医培训的国家，其兽医教育不一定处于较低能力等级。如果国家对于引进外国毕业生拥有健全的管理办法（通常由兽医法定机构负责），就可以保证引进兽医所受教育的质量，该国的兽医教育发展就可能高于平均水平。

OIE 建议成员采取客观、系统的方法，对国内的兽医教育机构进行评估，并根据需要对国外的兽医教育机构进行批准或认证（例如，为满足国内需要而引进外国毕业生）。该要求应与 OIE 关于兽医教育的建议一致。在地区层面内统一要求有助于促进合格兽医的流动及满足发展中国家对合格兽医日益增长的需求。

在兽医教育能力等级为 1 或 2 的国家，其基础和继续教育的水平通常较低。在兽医机构效能评估报告中，兽医教育的问题往往是整体状况（国家兽医机构预算、人员配备和管理不足）的一部分。如果国家兽医管理部门的人员严重短缺，特别是兽医短缺的情况下，可以完成各种兽医和非兽医工作的兽医人员寥寥无几、人员职责界定不清、招聘政策不涉及基础教育的质量且缺少时间或预算开展在职培训或继续教育。当兽医工资低、合同期短，兽医工作经常由非兽医人员完成时，其热情会受到影响，难以保持良好的专业行为准则。兽医的职责界定不清及兽医在公共和私营部门同时担任职务，可能会导致严重的利益冲突，需要有独立且有效的兽医法定机构来解决这些问题。

关于继续教育，如表 2 所示，兽医教育能力等级较高的国家，其继续教育的能力等级不一定高。有些情况下，关键能力Ⅰ-2A 的能力等级较高的国家，其关键能力Ⅰ-3 的能力等级较低，而且发现继续教育是临时或不全面的，或没有以系统方式开展继续教育（例如，规划不周全及缺少培训后评估）。各国政府需要明白，为满足日益增长的社会期望，必须维持和更新兽医知识。OIE 和合作机构正在努力说服各国政府改善兽医教育，并使兽医行业在全球倡议（如“同一健康”理念）和未来发展中发挥其作用。

OIE 建议制定最低教育要求，作为兽医执业许可或注册的基础。从某种意义上说，OIE 关于 DAY 1 毕业生工作能力的建议设定了目标，而兽医教育核心课程指南提出了“如何达到目标”。法定的最低教育要求有助于保证兽医行业的发展质量，并可推动兽医课程的不断改善。根据《陆生法典》第 3.4.12 条，应由独立的兽医法定机构向兽医发放执业许可及办理注册。如表 2 所示，兽医教育能力等级为 1～3 的国家，通常兽医法定机构的权威和能力也同样较低。但是，兽医教育能力等级为 4 或 5 的国家，其兽医法定机构的能力等级不一定较高，从这些有限的结果来看，关键能力Ⅰ-2A（兽医教育）和Ⅲ-5（兽医法定机构）的能力等级在较高层面上不具备紧密相关性。对影响兽医法定机构的能力和兽医教育的因素进行更深入地调查，可能有利于向兽医机构效能评估专家提供更详细的建议。

根据兽医机构效能评估报告的结论，提供高质量的兽医教育受到以下因素的影响：设施不足（包括生物安全设备）、教学工作量大、学生人数过多以及无法提供实践经验。高质量的兽医教育是昂贵的。各国政府必须准备投入大量可持续的预算。由于政府政策未优先考虑兽医教育、专业教育或一般教育，许多兽医教育机构可能无法获得所需的资源。为了管理大学教育的成本，许多发达国家在私立或半私立大学培训包括兽医在内的专业人员。在公共和私营部门都参与到兽医教育的情况下，OIE 建议所有大学均达到兽医法定机构制定的有关执业许可/注册的最低质量标准。

一些兽医机构效能评估报告的结论表明，教育工作者与兽医用户，包括国家兽医管理部门和受监管行业之间需要更好地沟通。兽医管理部门通常是兽医唯一且最大雇主，特别是在发展中国家。在许多国家，兽医管理部门、兽医法定机构和教育工作者之间的协作不足。OIE 建议兽医管理部门、兽医法定机构和教育工作者之间进行沟通和协作，以确保在本科课程中按照既定标准教授国家兽医机构所需有效提供服务的能力。国家兽医机构包括公共和私营部门的兽医，OIE 关于 DAY 1 毕业生工作能力的建议适用于在公共和私营部门执业的兽医。（不过推荐的高级能力适用于打算在公共部门工作的兽医。）

在许多国家，兽医管理部门授权在私营机构工作的兽医从事一些如诊断测试和疫苗接种、家畜鉴定、肉品检验和出口认证等工作。这些兽医最好在接受专业培训及能力考核之后予以认证，并定期确认。认证程序可由兽医管理部门或兽医法定机构确定；无论由哪一方负责，双方均应进行良好协调。应向教育工作者明确告知对私人兽医的授权/认证要求。

在具体提到继续教育时，兽医机构效能评估专家指出，一些发展中国家的技术培训存在依赖捐助机构的问题。在发展中国家，动物健康项目通常为培训兽医提供专业的培训人员和预算。尽管这些项目可能是相关的，但提供的培训可能与国家对兽医继续教育的总体需求和优先考虑事项不完全一致。

OIE 关于实现兽医教育持续改进的建议

OIE 与合作机构和国际捐助方一起，正在积极使各国政府相信兽医行业对国家经济的贡献以及投资兽医教育的需要。

如前所述，OIE 关于兽医机构质量的标准（《陆生法典》第 3 篇）特别提到了兽医教育（第 3.2.14 条）和兽医法定机构在兽医行业管理中的作用（第 3.2.12 条）。除标准之外，OIE 还公布了兽医教育指南，即 OIE 为确保国家兽医机构的服务质量提出的有关兽医毕业生（“DAY 1 毕业生”）能力的建议，以及关于兽医教育核心课程的指南。

OIE 兽医教育特别工作组通过探讨制定标准和指南，该小组成员包括兽医教育机构、公共和私营兽医部门和捐助机构的代表。特别工作组的会议报告可在 OIE 网站上查阅。此外，OIE 代表还可以通过直接参加全球兽医教育大会［如 2013 年 12 月在巴西伊瓜苏市（Iguazu）举行的会议］向 OIE 表达意见和提出建议。此次活动是继 2009 年和 2011 年分别在法国巴黎和里昂举行的 OIE 全球兽医教育会议之后的又一次盛会。本次会议是 OIE 首次同时讨论兽医教育和兽医法定机构的职责这两个主题。OIE 在全球会议上的建议确定了其制定标准、提出建议和开展相关能力建设活动的方法。2009 年与 2011 年会议建议可在 OIE 网站上查阅。

对成员的进一步支持见 OIE《结对项目程序手册》，在为加强兽医教育机构或兽医法定机构向 OIE 申请结对项目时，应使用本手册。《结对项目程序手册》可在 OIE 网站上查阅。

OIE 大力支持在实施国家动物卫生项目中建立公私合作关系的理念。

在兽医教育方面，教育工作者与兽医用户合作有助于确定趋势和未来需求，使教育工作者能够更新教育项目和课程，以确保学生毕业时具备目前及未来所需的能力。合作时应考虑到 OIE 的建议，并在国家和区域范围内开展。*Federación Panamericana de Facultades y Escuelas de Ciencias Veterinarias*（PANVET）与 *Consejo Panamericano de Educación en las Ciencias Veterinarias*（COPEVET）间正进行的工作是区域合作的一个良好范例。2013 年 PANVET/GOPEVET 出版的《拉丁美洲兽医职业概况－2030 年展望》(*Perfil Profesional del Médico Veterinario en Latinoamérica Visión al 2030*）充分考虑了 OIE 关于兽医能力的建议。

私营兽医协会也为兽医行业的持续发展做出了重要贡献。认识到这一点，OIE 与世界兽医协会、世界小动物兽医师协会和欧洲兽医联合会等主要国际组织签订了正式合作协议，并与其积极合作。

即使是有兽医培训的国家也可能无法供给足够的毕业生来满足他们的需求，特别是随着对合格兽医和专业的兽医（如兽医公共卫生或流行病学专业）的需求不断增加。许多发展中国家正在转向更为集约化的畜牧业生产，这就需要专业的兽医知识。考虑到这些需求，OIE 鼓励各国为合格兽医在国家之间流动提供便利。这包括促进兽医资格相互承认的实施；统一获得兽医基本能力的方法；以及统一评估兽医教育机构的方法。OIE 不建议在评估或认证兽医教育机构方面发挥任何直接作用。一些捐助机构使用自有的评估工具开展项目准备工作（如世界银行）。但是，OIE 并没有考虑为兽医教育机构开发评估工具。

OIE 推动区域机构（包括其区域代表机构或次区域代表机构）在统一兽医教育和注册要求方面发挥作用，并支持相关的区域倡议。兽医教育机构区域协会与认证机构需要在兽医教育标准方面加强合作。认识到这一点，OIE 与地中海兽医教育机构网络（REEV-Med）合作，并鼓励在其他区域实施类似倡议。

OIE 建议，兽医法定机构仅向完成高质量教育项目（即：经过公认的认证机构认证和/或符合 OIE 关于工作能力和兽医核心课程的建议的项目）的兽医颁发兽医执业许可或进行注册。为了效率起见，国家兽医法定机构应在法律和财务方面具有独立性，并能代表兽医行业，包括公共和私营部门、兽医教育工作者和科研机构。

OIE 在提高全球兽医教育和兽医管理的质量方面具备全球领导力。通过实施兽医机构效能提升程序，鼓励成员实施 OIE 的标准和建议，包括：

-兽医机构的质量标准，包括兽医法定机构和兽医/立法的作用；

-关于兽医毕业生（“DAY 1 毕业生”）工作能力的建议；

-关于兽医教育核心课程的指南；

-为加强兽医教育机构和兽医法定机构安排结对项目。

在许多国家，国家兽医机构拥有战略计划和/或兽医机构是国家战略计划的重要内容，这些国家战略计划是为了通过更高效的农业生产和确保食品安全来保障食品供给。提高畜牧业生产力的计划应强调动物健康和食品安全，为此，应满足需求以维持或加强国家兽医机构。这就需要制定具体战略来提高兽医教育的质量，包括兽医机构、兽医法定机构和兽医教育机构之间的关系。

使用互联网能够灵活、低成本、实时地接受高质量教育。从最简单的 PowerPoint 系列幻灯片到在线教程、“网络研讨会”、指导和非正式聊天室，教学模块可以有不同程度的互动性。各种网络学习方式方便所有人使用。迄今为止，OIE 尚未直接参与在线教育，但一些合作中心提供了在线学习设施，OIE 在今后可能会更积极地关注这一方面。

如果在兽医机构效能评估之后，成员希望采取措施加强兽医教育或管理的具体方面，可以要求 OIE 在专项任务中进行更详细地分析和/或开展结对项目。OIE 在成功开展实验室结对项目方面的经验是：结对项目如果由已具备合作经验的机构发起和实施，则成效更佳。鉴于此，“已结对”和“候选”机构应共同提出结对项目的建议，以获得最大的成功机会。制定建议书时，可以由提出建议的合作伙伴进行考察，OIE 区域或次区域办事处应尽可能给予协助。在某些情况下，OIE 可以邀请受益国家与“已结对”机构或国家直接接洽。OIE 将会继续与捐助方密切合作，以确保资金充足，使更多的成员能够从结对项目中获益。

结　论

本文得出结论，为了提升发展中国家的国家兽医机构的效能及满足这些国家对合格兽医日益增长的需求，需持续对兽医教育进行投资。

在对国家兽医机构进行效能评估时，OIE 兽医机构效能报告全球数据库是兽医教育评估的宝贵信息来源。对数据库信息进行分析，可以清晰地阐明技术能力与兽医教育等横向因素之间的关系。使用数据库信息时，必须始终遵守 OIE 的保密规则。

各国政府在与捐助方谈判时，应借助 OIE 兽医机构效能评估的结论，以证实为提高国家兽医机构的质量需要持续投资。在全球兽医机构效能提升程序的支持下，OIE 与各国政府、国际组织和捐助方合作，帮助各国提高遵守 OIE 质量标准（包括兽医教育质量标准）的水平。

OIE 不建议在评估或认证兽医教育机构方面发挥任何直接作用。相反，OIE 制定了兽医机构效能提升程序，以此完成兽医机构效能的独立评估，并与捐助方密切合作，以确保资金充足，从而使更多成员能够从能力建设活动中受益，包括为加强兽医教育机构和兽医法定机构而开展结对项目这一重要的全球举措。

致　谢

感谢 OIE 区域活动部的工作人员，包括 2013 年在 OIE 实习的 Juan Mendez 博士和 Scott Zaari 博士，感谢他们在分析兽医机构效能评估报告方面的帮助。

私人兽医对兽医机构的贡献及相关教育需求

T. Jorna

摘　要

世界兽医协会（WVA）是私人和非私人兽医的全球性专业伞式组织。其使命是保证和促进动物卫生、公共卫生和动物福利，关注并参与保证环境系统和生态系统卫生。

兽医学需要以优质教育为基础，也需要具备一个良好的终身学习体系。兽医在该行业各个具体领域担任的角色有所不同，但其主要职责始终是承担相应的社会职能。私人兽医在动物、动物主人和社会之间起着核心作用。当社会的需求因地区而异时，私人兽医必须能够适应这些差异。

私人兽医还应与国家兽医机构合作，进行疫病监测和动物及动物产品的全球贸易认证。疫病通常是由动物主人首先发现的，这样私人兽医就成为了解和诊断动物疫病的第一专家，并承担着对动物疫病情况及对社会和动物的威胁情况的评估。兽医与国家兽医机构之间最重要的是要直接沟通，以便及时通报有可能影响社会的动物疫情。在一些国家，私人兽医可以获得授权，持证从事受兽医机构或食品安全和消费者保护主管机构管辖的工作。

根据“DAY 1 工作能力”，私人兽医应接受相应的教育，特别是关于须通报的动物疫病的早期检测和之后的适当响应。他们需要了解兽医机构的组织、沟通技巧和贸易用健康动物的证明。可以向私人兽医提供兽医机构所需高级技能相关的研究生课程，以确保他们的工作能力不断提升。本文将按照世界兽医协会和 OIE 的指南提供详细资料。

关键词

私人兽医；兽医教育；兽医机构；世界兽医协会。

引　言

世界兽医协会是私人和非私人兽医的全球性专业伞式组织。其使命是保证和促进动物卫生、公共卫生和动物福利，关注并参与保证环境系统和生态系统卫生。世界动物协会由大约 80 个兽医成员组织组成。

要在全球范围内有效地开展兽医工作，需要有优质的兽医教育和良好的终身学习体系。数十年来，世界动物协会一直将兽医教育的质量作为主要目标。1998 年，世界兽医协会制定了一份政策文件“全球兽医 DAY 1 工作能力”，此文件于 2010 年进行了审查和修订。这份世界兽医协会文件强调了以下三个问题：

-社会对应届毕业生和普通兽医的期望；

-兽医行业对兽医培训的期望；

-对兽医教育院校的最低要求。

评估和认证是控制兽医教育质量的主要工具。世界兽医协会不可能完成全球评估和认证。世界兽医协会认可现有的教育体系，并且认为应鼓励兽医教育院校参与到现有体系中。

自 2010 年 OIE 召开兽医教育特设小组会议以来，世界兽医协会在实施高质量“DAY 1”工作能力建议方面一直与 OIE 积极合作。世界兽医协会参加了特设小组，并制定了 OIE 立场文件“OIE 为确保国家兽医机构的服务质量提出的有关兽医毕业生（DAY 1 毕业生）能力的建议”。

社会期望

兽医在社会中的作用是担任动物、动物主人和整个社会，包括动物产品消费者之间的纽带。在这种情况下，我们可以区分社会整体概念的各个方面，特别是区分动物卫生相关组织、整个医学界和公众。在公共卫生政策的“全球健康”举措中，动物、人类和生态系统之间的重要关系已被认可。社会各界需要对高品质兽医教育和兽医的专业行为有信心并给予信任。很多人并不真正地了解兽医行业的整体责任范围。他们与兽医的唯一接触是为伴侣动物寻求护理和治疗。兽医在公共卫生方面的许多重要职责并不为公众所理解。将兽医打造成自毕业后 DAY 1 起就有能力以公众期望的标准履行工作职责的专业水平高且敬业的个人，对于兽医行业及其伞式代表机构的世界动物协会来说非常重要。

兽医行业的期望

兽医行业需要有一定程度的教育和培训，以确保应届毕业生具备扎实的 DAY 1 工作能力，使他们能够以专业、独立的方式开始从事兽医的各种日常工作。在机构（包括国家兽医机构）中任职的毕业生，经常可以得到来自经验丰富的同事的辅导和引导。从事私人兽医工作的应届毕业生，可能无法得到这种水平的帮助。有经验的兽医经常抱怨应届毕业生的技能水平不够，在复杂的工作实践中他们不得不辅导和引导应届毕业生。然而，在许多国家，社会和兽医行业对于兽医的技能水平要求超过本科教育，兽医教育院校必须采取措施，为毕业生提供知识和应用技能。除了协助达到“DAY 1 工作能力”的水平之外，世界兽医协会还负责解释兽医专业学生在毕业时（即开启职业生涯）应具备的 DAY 1 工作能力。终身学习体系也必须到位，以便不断评估和提升专业能力。

兽医的作用

兽医应准备好履行社会对行业期望的全部职责，同时认识到不同地区和国家在具体要求方面可能有所差异。兽医培训提供了行业所需的知识基础，以确保动物卫生、兽医公共卫生和动物福利。尽管存在区域性和不同的洲之间的差异，并且个体兽医需要在毕业后专注特定物种或学科，但是兽医的职责范围对所有兽医来说大致相同。个体兽医可以从事私人兽医、专业卫生员、国家兽医机构官员、研究机构或行业界的研究人员、军队教员、环境和气候变化专家、物种或学科专家工作。此外，环境和生态系统健康、全球食品供应和人类营养等一些新学科在不久的将来也越来越重要，越来越需要兽医的参与。

各个学科的兽医都应该在动物、动物主人和社会三方面关系中发挥核心作用。这种作用建立于他们在科学、知识、技能、道德、兽医态度和能力方面的深入培训的基础上。兽医培训应该具有客观性、独立性和公正性。兽医与兽医技术员之间或者与起着重要支持作用的辅助人员之间应该有明确区别。

私人兽医

私人兽医通常是动物主人和患病动物的第一接触者，因此，兽医适应社会的不同期望和需求尤为重要。兽医有责任调查和诊断动物疫病，争取早发现，并确定正确的干预和治疗方法。此外，私人兽医还必须与兽医机构和各公共卫生组织合作。这就要求私人兽医必须接受涵盖家畜和非家畜各兽医学科相关的良好基础培训。

人和动物在国内和国际之间的流动性越来越大，动物和动物源性产品的全球贸易需要有高品质的兽医教育来支撑，以确保早发现和早预防动物疫病和人兽共患病的暴发，证明动物健康，适合交易，并确保动物源性食品可供人类安全食用。

私人兽医在全球贸易中动物和动物源性产品的监测和认证方面的要求及其与兽医机构在这些方面的合作应该具有统一标准。这对于防止包括人兽共患病在内的动物疫病的传播十分重要。或许关于疫病暴发的通报是兽医与兽医机构之间最重要的纽带。在一些国家，例如荷兰，要求私人兽医在接受在职培训后，根据兽医机构和国家食品安全和消费者保护管理局的委托执行任务。作为最基本 DAY 1 工作能力的一部分，私人兽医必须接受识别和早发现动物疫病及动物疫病通报方面的教育。他们还需要掌握兽医机构的组织信息以及颁发兽医健康证明的相关要求，并且具有良好的沟通技巧。

最基本 DAY 1 工作能力

世界兽医协会提出了关于兽医教育最基本要求的设想，这些要求仍在审议中。世界兽医协会认为，调查、预防、诊断和干预/治疗动物疫病是兽医的重要职责。在确定最基本的教育和课程要求时，必须要牢记该行业的主要职责，并提供满足履行职责的培训。对兽医毕业生来说，最重要的培训是防控家畜的主要疫病；开展检验工作，确保动物源性食品的安全；保障动物卫生和动物福利；防控人兽共患病；研究有关动物卫生、公共卫生和动物福利的重要课题，包括与环境和生态系统卫生有关的问题及全球食品供应和营养。

兽医教育院校应设有使应届毕业生取得 DAY 1 工作所需能力的课程。在开展兽医教育课程期间及结束时，应通过客观手段来评估课程内容是否充分。在结束教育课程之前，兽医专业学生应理解并掌握动物卫生和疫病的生物学原理和机制；正常生理功能和病理生理学；如何获得详细的病史；有效的沟通技巧；适用于各物种的医学和外科理论与实践；流行病学原理、动物传染病、食品安全以及兽医对公共卫生的贡献；对畜牧业生产系统的理解；职业道德；符合不断变化的社会期望的知识、技能、价值观、态度和行为。保持终身学习和持续提升的能力，并能不断认识到自身需求应是兽医的一种常态。

即使通过兽医教育实现了以上目标，但应届毕业生也会在日常兽医工作的实践中出现偏差，缺乏实践管理经验。这些都可能是导致从院校教育到实践过渡困难的原因，但在实践中通过指导和引导可以解决这个问题，并使新执业兽医达到社会期望。

结　论

总之，兽医培训应确保兽医毕业生获得从事与职业相关活动所需的知识、技能和能力。这些知识、技能和能力的充分性应根据每个兽医在促进动物卫生、动物福利、公共卫生、环境保护以及在未来保障食物与营养充足方面的能力来确定。OIE 关于 DAY 1 最基本工作能力的建议，对所有国家来说都是一个切实可行的目标，也是实现全球兽医教育改善目标的重大突破。

兽医接受科学的兽医/医学培训，承担法定责任，也有机会和责任扩大就业领域，为社会和动物提供服务。动物卫生、人类卫生健康（包括良好的食品供应）和环境卫生相结合，形成“同一健康”。

兽医教育科学研究应用

T. J. Parkinson

摘　要

近年来，关于兽医教育的出版物迅速增多，其范围涉及从微观内容（如个别课程项目、学生的学习行为）到整体教育（如学位成果、课程评估）。医学/兽医教学方法近来发生的重大变化是编著本文献的部分原因，特别是教学方法朝着以学生为中心的、主动的、体验式学习的方向发展。另一部分原因是国际认证机构对教育过程循证验证的期望。虽然许多文献仍然很零散，但文献已经达到在兽医课程和认知学习的大多数领域都有同行评审出版物的完善程度。

主动体验式教学/学习环境普遍受到学生的欢迎，与传统方法相比，能提高学生的参与度，更好地记忆和更有效地运用知识。相应的注重实现更高阶的认知学习效果，并更有效地将情感（特别是包括自我护理和自我意识、商业敏锐度和沟通）和心理活动领域的成果纳入课程，提高了在以上领域的技能。特别是对于这些领域来说，统一评估具有挑战性并且许多文献都致力于合适评估工具的开发和验证。批评意见主要涉及材料的覆盖面不均匀，而且与传统的教学方法相比，需要投入更多的人力资源。值得注意的是，从传统课程向主动/体验式课程的转变并不是一个单向趋势，特别是完全或大量以问题学习策略为基础的课程似乎难以继续开展。因此，教学方法再向更具说教式教学方法转变也很普遍。

在容易评估的学术标准与很难评估的个性/经验之间，招生标准难以取得平衡。关于招生标准与学位成果之间关系的出版物很少：关于职业寿命与招生标准或教课模式之间关系的出版物非常少见，意味着这是未来需要研究的一个重要领域。

关键词

授课；体验式学习；兽医教育。

引　言

在过去大约40年里，兽医教育研究发展迅速，很大程度上与普遍了解和研究有效的成人学生高等教育教学相关。随着兽医课程的完善及与当前高等教育教学的最佳实践不断一致，兽医教师完成了对这些改变的回顾和反思，通过研究学生所取得的成绩验证了这些改变的有效性。重要的是，兽医教育的研究并不局限于认知技能领域；学生在专业技能、技术和非技术技能以及解决问题的技能领域的学习甚至已成为文献的重要主题，特别是关于这些领域课程内容、教学方法和评估的实验，促进了越来越被广泛接受的教学框架的发展。

这些新兴文献的研究范围广泛，从对学生喜欢或参与新课程学习的短期调查，到对诸如信息保留、心理活动灵活性的发展和专业行为的发展等问题的长期评估，再到对促进或阻碍毕业生在行业内长久发展的课程因素的考虑，等等。同样重要的是，工作压力和信息超载对学生的影响已逐渐成为研究的重点，因此开展的研究不仅考察学生的应对和自我管理能力是如何发展的，而且还尝试发展这些技能，作为毕业后应对专业实践需求的前提。

许多研究都是零散的，或者在某种程度上研究工作通常局限于个人完成。它还被以人类为研究对象的固有困难困扰着，因为兽医生物学的经典“设计”实验很少能在人类学习和行为的研究中被复制。此外，在许多研究领域仍然存在显著差距，北美兽医学教育联盟认为，“缺少关于兽医学教育影响因素的同行评议研究”“因此缺少可用于解决当前兽医教育所面临挑战的循证方法”。尽管存在这些潜在问题，但在兽医文献中确实对许多概念正在形成共识，这些概念需要为明确的教学方法提供理论和经验支持，为兽医教育奠定基础。在明确学习效果、课堂实践、促进主动和深入学习的策略，教学和评估之间的战略协调，专业素质的发展，以及认知和非认知学习领域之间的相互关系方面尤其如此。

将此类研究文章收录在主流兽医期刊上已经逐渐被接受，这是兽医教育研究所取得的重要成就。这种变化的原因很多，包括承认专业人员对兽医毕业生能力的担忧；期刊编辑对定性研究方法的有效性和社会学数据的“杂乱性”有了更好地理解；以及同样重要的，将科学、医学或兽医教育作为研究主题方向的期刊大量增多并取得成功。

教学与学习环境

传统的临床兽医学课程试图对其学科知识的所有内容进行全面覆盖。近年来，这种方法的有效性越来越受到质疑，这不仅是因为学科知识的快速增多越来越不利于知识的全面覆盖，而且还因为毕业生就业模式的变化，雇主对知识的深度而非广度提出了要求。发生这些变化的同时，高等教育已经经历了一个重大改变——重新关注高阶学习参与和效果（即，高等教育不再是早期专注于对知识的记忆和需求的“反刍”，这给兽医课程的现代化调整带来了压力。有大量文献显示，过度依赖知识记忆、被动的学习环境和注重回忆而不是应用/解决问题的评估任务，导致学生浅层学习，脱离学习，甚至那些在兽医课上表现聪明且学习积极性很高的学生亦是如此。学校已经采用了许多方法来提高学生的参与度和学习深度。事实上，大多数兽医教育机构已经承认了创造积极的、参与型的学习环境的重要性，尤其是可以作为兽医学位课程中间几年经常出现的脱离学习和浅层学习的矫正方法。

对这些问题的主要应对方式是尝试将学习维度从理论转向实践，从被动吸收知识转向主动构建知识。在极端情况下，课程以“基于问题的学习”（PBL）形式完全重建，主要通过让学生调查一系列精心挑选的、旨在发展科学和临床知识的案例来推动。Lane 探讨了开展关于 PBL 在兽医课程中的优势和劣势的研究：与传统的说教式教学方法相比，学生通常更喜欢 PBL，尽管有些学生认为 PBL 所需的人际互动具有挑战性；PBL 可使学生实现深层次学习，而不是浅层次学习，尽管 PBL 方式的内容覆盖面一般比说教式教学少，但学生能够更长久记忆所获得的知识；PBL 需要横向和纵向整合课程。尽管 PBL 课程的内容覆盖存在一定程度的不确定性，但学生在完成基于陈述性知识的许可式评估方面似乎并没有遇到固有的困难，而且他们的表现与接受过传统教育的学生一样好，甚至更好。至少，对于医学执照似乎是这样的，尽管很难找到参与 PBL 课程的学生参加兽医执照（如北美兽医执照考试，NAVLE）的结果数据。另外，完全以 PBL 为基础的课程是资源密集型的，需要大学教师在教授这些课程时持续投入思想积累，因此，在面对兽医教育院校的人员预算压力时，这些课程不一定是可持续的。一些部分采用基于问题的方法（不是“经典的”PBL）教学的混合型课程，一直主张将 PBL 的优势与大班教学的成本效益相结合。因此，以大班教学法替代“传统”的小班教学似乎也是一种可行的、具有成本效益的 PBL 教学方法。

还有许多其他实现课程整合的方法，都能给学生的学习带来巨大益处。例如，简单地将学生接触临床材料的时间提前到课程的前几年（无论是作为练习还是参与“真实的”临床案例，或将通常在课程后期阶段的课题安排到课程的前几年），都会给学生的参与度和知识拥有带来益处。课程整合的主要好处之一是，它使学生能够理解不同学科之间的联系，并意识到必须在比基于学科的“孤岛”更广泛的情形下理解信息。此外，课程整合加快了诊断推理能力的发展。Bowen 指出，如果医学课程采用系统化方式（如按器官系统）进行整合，则应按相同的思路整合学生知识。为了解决复杂或多因素的问题，他们需要通过临床经验，重新整合知识。因此，在临床需要他们的基础（医学）知识工作时，新手对这些知识的运用和回忆往往是缓慢、笨拙或茫然的。只有当学习者在知识和具体临床经验之间建立起新的联系之后，他们才能在疾病临床表现特征与记忆中的知识之间也建立起强大的联系。

为加强学生对兽医学某一方面的学习而采取的学科内举措是很常见的，特别是在那些被忽视或难以教授的科目中。积极的应对方式更有可能在“班级内部”进行比较研究，而不是通过大规模的课程改革，因此对其有效性的评估相对更直接。有许多例子表明，通过提供学习材料来促使学生学习，相较传统方法，更能使他们深入地参与到学习中。据报道，非传统教学模式已被用于疼痛管理、解剖病理学、神经病学、寄生虫学、放射学和组织学虚拟显微镜教学和细胞学的教学中，普遍提高了学生的兴趣、参与度和/或信息保留程度。一般出于伦理考虑或对尸体供应的限制，在解剖学教学中广泛采用非传统教学模式，因此教学模式、保藏技术的改进和电子学习方法的使用都很普遍。有趣的是，尽管新方法被普遍使用，但传统的解剖方法在解剖学教学中仍然有明确的作用，表明学生也需要最低限度的实体材料接触，以保持兴趣和参与度。

同样，电子学习模拟也是为了激发学生对复杂问题的参与度，需要吸收和整合多个学科的材料。例如，“虚拟屠宰场”和“四维农场”，它们不仅允许学生做出在现实世界中至关重要的无风险决策，而且还允许在“现场”教学材料可能短缺的情况下，教授课程的关键内容。举个例子，许多兽医教育院校越来越难以接触到屠宰场，以此方式，“虚拟”屠宰场至少可以让学生在概念上学习这个科目。考虑到兽医课程对兽医公共卫生的重视程度越来越高，而在兽医公共卫生方面的学习给兽医专业学生造成的困难也是众所周知的（至少在西方大学中），采取这种举措，加上 PBL 和综合课程，似乎可以提高学生对这门学科的参与度。更有趣的是，电脑游戏技术正在被用于制作高保真的学习场景或“游戏”，以创建虚拟患病动物，学生可以在一个无风险的环境中学习心理活动技术或发现他们决策过程的结果。Valliyate 等人指出，当搭配结构良好且有监督的患病动物临床培训时，这些现代方法可以帮助教育工作者填补传统方法留下的空白，减少和取代活体动物的消耗性使用，最终使毕业的兽医更加自信和熟练。另外，重要的是要认识到模拟装置的保真度对学习质量并不重要。事实上，低保真度的模拟装置可能是学习基本程序任务的理想选择。

专业技能

兽医课程在培训专业技能方面也做出了重大调整。这一发展过程基于对兽医行业的未来要求和期望的广泛征询，需要进行大量的新研究，以了解如何有效地教授和评估这些技能。精准地明确兽医学生需要学习的技能是这个领域最大的问题之一。换句话说，虽然人们普遍认识到那些高级行为表现是“专业”人士的标志，但用课程内容来明确高级行为表现是很困难的，而且定义一个学生要实际做什么才能“及格”或“不及格”是极其困难的。此外，专业技能的教学还没有一个明确的概念框架或教学方法，也许正因如此，仍需要将其完全纳入认证要求。

沟通和诊室技能可能是这些领域中阐述得最充分的，其中最初用于医学教学和最近用于兽医教学的 Calgary-Cambridge 模型的开发特别有价值。已经研发出各种方法来教授沟通技巧，包括以演员、心理学研究生或兽医学生本身作为模拟客户。学生扮演角色的沟通活动，随着课程的推进，这些活动的要求越来越高；鼓励他们自我评估和反思在这些角色中的能力，并从模拟客户或课程导师处获得反馈。评估通常采用“客观结构化临床考试（OSCE）”。Hecker 等人评价了用 OSCE 评估一年级兽医学生沟通能力的情况，指出沟通情景的设计和评估者的培训情况均会影响学生的成绩。有趣的是，当 OSCE 用于评估医学生时，作为考试对象的“患者”给学生的评分与评估者给出的评分异常相似。

Schull 等人将诚实、倾听、同理心、获得客户尊重和信任的能力、团队合作能力、知道自己的极限和愿意寻求帮助列入学生的核心专业素质列表中。有趣的是，雇主对诚信、可靠和守时的评价也比学生高。此外，也有研究相当成功地描述了学生的职业道德，尽管没有试图确定这些职业道德是否是学生有资格毕业的依据。不管怎么说，职业道德都是比较难教的。从传统上讲，它们都是在学徒式的临床轮转期间和从关键的临床医生角色模型中“被吸收”的，而不是包含在说教式教学中。值得注意的是，高年级学生和他们老师之间伦理观的巧合为角色模型的影响提供了直接证据。

然而，医学教育已经超越了通过吸收/学徒模式提供专业技能指导的范畴，在课程设计阶段对课程的非技术内容进行了较为详细的规划，从而确保这种学习是课程必不可少的，而不是不重要的。Newble 等人为英国谢菲尔德医学院开发的课程以专业技能（人际关系技能、职业行为）和临床能力（临床技能、实践技能）为纵向主题，以生物医学科学（基础医学科学、临床科学和人口健康科学及行为科学）为支撑，提供了一个专业技能和非技术技能与陈述性知识至少同等重要的凝聚性结构。实施该课程的成果之一是开发了医学生道德行为的评估工具，通过基于针对特定行为的分类学框架，减少了通常损害这种评估的主观性。目前，兽医教育正在效仿医学教育的这些进步，至少在专业技能和伦理方面有专门的课程/评估，在某些情况下，这些领域被完全纳入整个课程的教学和临床指导中。

近年来对兽医职业技能研究的一个最重要的新领域是压力管理技能。兽医自杀者的占比明显偏高，可能的原因至少部分归因于兽医在兽医学位课程中承受的负面影响。兽医专业学生在整个兽医教育过程中都承受着巨大压力，尤其是在学位课程的中间几年。学业压力来源，如工作量和临床培训，再加上较高的个人成就目标，使得兽医专业学生特别容易受到压力的影响。通过在学位课程中进行适当的压力管理技能辅导，特别是结合适当的心理健康干预，可使兽医专业学生提高其应对压力的能力。然而，这些举措是否足以使毕业生能够应对工作中的压力，特别是在其职业生涯的关键早期阶段，尚不清楚。

评估，特别是临床技能的评估

临床和专业技能的评估一直是争论和研究的主题。诸如论文和多项选择考试等传统方法在这种评估中的价值越来越受到人们的质疑，因为传统方法可能侧重于回忆/细节而不是批判性思维，并且无法有效评估学习的情感和心理活动领域。也有人对多项选择考试提出批评，因为这些考试一般都是测试学生的记忆力或辨认教科书定义的能力，没有考虑到不同的人有不同的思维方式这一事实，没有考虑到个性，也没有给片面理解评分。基于以上分数，Burton 提出了"不信任知识"的概念，即如果有负分，学生对于自己的答案没有足够的把握时，不会写下答案，但如果没有负分，就会写下答案。他争辩说考试可信度不应该反映"学生对部分知识进行冒险假设的可变意愿"。另外，尽管论文被认为具有较低可信度，但对医学院入学考试论文的评估表明，情况并不一定如此，同时也可以使用精心设计的多项选择题或扩展配对题来评估高阶学习的成果。

客观结构化临床考试（OSCE）（一种评估临床能力的方式）自被研发出来之后，广泛地应用于医学和兽医教育（Hodges 已做了评论）的临床技能评估。它不仅用于期末评估，而且几乎适用于所有需要证实专业技能的评估。客观结构化临床考试的一些初期迭代依赖于大量的评估标准核查清单，但事实证明，这些清单的可靠性和有效性低于专家（至少是有经验并参与评估过程的评估人员）的整体评分。通过客观结构化临床考试可以开发出相对真实的、通常小规模的（即考虑受到每个考站的时间限制）情景，其范围可以从小型口试或临床程序的演示，到医疗记录的解释或正确开具药方和记录治疗药物的使用。由于有许多考站，可以对考试"规划"，以便在系统、物种、学习领域和专业技能方面进行广泛的抽检。

然而，客观结构化临床考试有一些缺点。有人认为，虽然客观结构化临床考试适合评估独立、结构良好的技能……，但对于更加复杂的技能，仍需要进一步的考试来评估。Hamdy 等人认为，在对学生的临床技能和临床推理进行可归纳观察时，顽固病例考试或直接观察临床接触能力考试与客观结构化临床考试相比更有优势。这种观点的一个重要发展是，如 Miller 所提倡的，要提高真实性，对临床过程的直接观察（尤其是在工作场所中的直接观察）越来越受到重视。直接观察（如直接操作观察、迷你临床演练评估和全方位反馈）越来越多地应用于工作场所（如校外实习）和校内轮转，以评估学生的人际关系和技术技能，辅助其他评估手段以获得对学生能力的整体看法。同样重要的是，学生接受直接操作观察评估，比参加多项选择考试能更深入地参与到学习中。

长久以来，在临床轮转和实习期间，直接评估学生的人际关系、技术、解决问题的能力和专业技能以及他们的知识和知识运用能力，一直是一种提供形成性反馈（通常是关于需要改进的领域）和对高年级学生进行总结评估的手段。认证机构颁布明确的"DAY 1 工作技能"（皇家兽医学院）或核心临床工作能力（美国兽医医学协会），确保了学习成果和评估等方面的逐步统一，以确定兽医专业应届毕业生在毕业时的成绩标准。从高层次的协调发展到将个人能力详细映射到具体临床轮转，在这种情况下，可以按合格或不合格评估对特定技术的熟练程度，或者通过详细的、以标准为基础的评判方法评估更多的通用技能，特别是当以可搜索的计算机数据库中的记录为评估依据时，似乎不仅可以提供明确的证据，证明个别学生（或实际上是一批学生）是否达到了毕业的能力标准，也可用来对个别/不及格学生提供形成性反馈，或识别特定教学领域的弱点。

口试作为临床技能的总结性评估，似乎经常被人忽视。一方面，有些人认为口试的可靠性低，客观性差，不过是“走过场”。另一方面，Brown 和 Knight 认为，口试是……考查学生解决问题能力的好方法……口试允许进行持续的问题跟进和调查，这是其他评估方式无法做到的。口试因其灵活性、明显保真性（医学更加注重口试，而不是诊断和管理问题）和测试高阶认知能力的潜力而被使用。推进良好口试所面临的障碍（如标准化问题的使用、测试事实知识记忆、容许学生个性和自信对成绩的影响、不良的内容规划和无能力管理学生压力）具有明确的特征，并且相对容易解决。Yaphe 和 Street 将成功的口试描述为一个三阶段的过程。即初步印象、临时成绩和最终成绩确定。其间，考官会提出题干问题、探索性问题和确认性问题。题干问题简明扼要，具有开放性，对题干问题的回答会影响后面提出的问题。这些问题具有计划性和探索性，旨在考查及格－不及格界限和（或）学生在更深入理解方面的表现。确认性问题用于确认临时成绩，并在比临时成绩稍高的水平上对考生进行测试，以便允许学生提高成绩。

因此，在过去 30 年里，兽医学位的最终和终结性评估的侧重点发生了重大变化，逐渐从背诵有关临床病例的事实知识信息（通常很少考虑学生的专业或临床技能）转向更真实的评估。越来越多评估基于对临床、操作、专业和诊断推理技能的观察，通常在工作场所/教学医院进行评估，评估很可能是根据综合标准进行的，而且可能更侧重于知识的运用而不是回忆的细节。有效的评估旨在抽检学生的各种技能以及证明在认知和情感领域的高阶成绩，至少是令人满意的心理活动技能标准。

招生和职业生涯

遴选标准，特别是非学术标准对于兽医学生毕业后职业生涯成功的影响程度，已经引起了广泛的争论。Kogan 等人发现，进入兽医学博士课程之前学生所学科目的广度与以后的表现没有关系，而具体科目的成绩及所有科目的平均成绩与之后的班级内排名关系非常小。另外，意大利的入学考试成绩、英国的 A 水准成绩及兽医学生的平均分数与以后的学位成绩有很大关系。在英国，标准能力测试（生物医学入学测试）的成绩不能预测学生的学位成绩，而在美国，研究生入学考试的成绩可以预测学生的学位成绩。

与职业满意度和职业生涯有关的最全面的数据来自 Trevor Heath 在过去大约 30 年的研究，其研究主要是针对澳大利亚昆士兰大学的学生和毕业生。在 20 世纪 70 年代、80 年代和 90 年代毕业的学生中，他们对最初就业的满意度较低，但最近有所改善。满意度低反映出对工作压力大、工作支持差、工作与生活平衡差、薪酬低有看法，并且雇主道德行为意识与就业满意度之间有很强相关性。在毕业后十年内，有 20％的人不再从事兽医工作，43％的人不再从事全职兽医工作。大部分工作都是与小动物有关（特别是女性兼职兽医），但混合执业仅占全职工作的 15％。新西兰也报告了类似的工作模式。

这些研究都没有明确表明，在攻读兽医学位之前或期间的成绩是否是职业保留的重要指标。尽管如此，Heath 等人的研究数据显示，农业和/或畜牧业部门的兽医工作很难留住毕业生。优先选择来自农村或有农耕背景的学生是否有助于改善农业工作的人员配置引起了人们的激烈辩论。在澳大利亚，来自农村或有农耕背景的毕业生与其他毕业生相比，在毕业后 10 年内更有可能从事农村、混合型或畜牧业的工作，但区别很小。美国得克萨斯州和英国也有类似的报道。然而，有些兽医项目会积极选拔有可能进入（和留在）农村/畜牧业部门的学生，尤其是通过关注学生背景或签订承诺声明的方式。另外，在兽医学习期间，从农村/畜牧业部门获得积极的经验至少是与农村背景同样重要，因此，能够提供类似经验的项目成为学生实习课培养的主要催化剂。最后，正如 Heath 和其他人所述，再次强调了第一份工作的重要性。

结　论

对兽医教育的研究是由整个兽医学位项目的变化所驱动的，也是这些变化的主要驱动力。执业行业对未来毕业生技能要求的期望、高等教育教学环境的变化以及兽医认证机构不断提高的要求，共同创造了课程变革和发展的条件，这个条件越来越多地得到兽医教育本身的支持。一方面是信息“爆炸”，另一方面是数字技术的新能力，要求我们必须摆脱满足于上一代兽医的课程工具。随着新的高等教育方法在这一研究的基础上不断发展，以及中学教育发生翻天覆地的变化，兽医课程更具挑战性、更有趣、能更好地评估，更好地培养毕业生以满足下一代兽医工作的需求。

美洲地区的兽医教育

B. Fortes de Arruda, A. P. de Figueiredo Wouk & R. G. Mondadori

摘　要

自法国里昂的第一所兽医学院（1761 年）成立以来，由于农业和畜牧业集约化带来的挑战，欧洲随后出现了许多兽医学院。1853 年，美洲第一所兽医学院在墨西哥成立。此后不久，加拿大（1862 年）、美国（1879 年）和阿根廷（1883 年）也相继创办了兽医学院。如今，美洲地区只有少数几个国家没有创办兽医学院。

作为泛美兽医科学协会（PANVET）的成员之一，泛美兽医科学教育理事会（COPEVET）下设有分会，负责课程审批、专业认证和教育课程项目的认证。由于教育体系零散和过时，许多静态课程不注重兽医学综合能力培养，美洲各国和院校的兽医教育质量差异很大。综合能力必须适应当地情况。同时，教育体系必须不断改进，以确保毕业生在日益全球化的环境中具有竞争力。该教育体系必须包括信息化教学：探索知识和能力，并培养专家；转化型教学：注重价值观教育并培养专业人才。最重要的是要包括转化型教学：培养领导能力并造就变革的推动者。转化型教学不注重记忆事实，而是强调研究、分析和批判性思维，利用现有信息做出适当的决策。

另一个值得关注的问题是整个地区兽医专业人员的数量不均衡。这导致了在该地区的某些地方存在就业不足，并有可能导致兽医完全退出这个行业。出于这些原因，必须实施机构认证和个人认证政策，同时开展转化型教学。

关 键 词

课程；质量保证；兽医教育；兽医教育机构。

引　言

自公元前 1800 年起，就有关于兽医学存在的记载，从巴比伦的纳霍恩法典（Code of Nahoun）中提到的一张“动物医生”收费表可以得到证实。1761 年，法国国王路易十五在里昂创办了第一所兽医学院，该学校由 Claude Bourgelat 设计。在美洲，墨西哥于 1853 年在墨西哥自治大学创办了第一所兽医学院。加拿大于 1862 年、美国于 1879 年也分别创办了兽医院校。在南美洲，阿根廷于 1883 年创办了第一所兽医院校。在巴西，第一所兽医院校创办于 1910 年，但于 1914 年才开始投入教学，1917 年第一位兽医博士毕业。在 1883 年至 1910 年期间，美洲地区还创办了其他兽医院校。

现　状

美洲的现状如下：美洲共有 420 所兽医学校，其中乌拉圭、巴拿马、危地马拉和厄瓜多尔各有一所兽医学校；巴拉圭有2所学校；多米尼加共和国、萨尔瓦多和哥斯达黎加有3所学校；古巴有4所学校；尼加拉瓜和加拿大各有5所学校；阿根廷和玻利维亚有11所学校；秘鲁有14所学校；委内瑞拉有16所学校；哥伦比亚有20所学校；智利和美国各有30所学校；墨西哥有52所学校；巴西有207所学校。

在美洲，泛美兽医科学协会是兽医学协会的伞式组织，泛美兽医科学协会举办各种活动，并对各成员共同感兴趣和关心的问题制定战略，特别是在兽医劳动力的需求、跨界疫病的控制和兽医学教育的质量等方面。

另一个重要机构是泛美兽医科学教育理事会，该理事会由泛美兽医科学协会与泛美兽医科学院联合会联合成立。泛美兽医科学教育理事会设有评审、认证和鉴定分会，负责处理该地区兽医教育质量问题。

美洲地区的兽医教育质量

美洲地区的兽医教育质量差异很大。有些学校达到了国际标准，而有些学校因师资力量或基础设施短缺，教学质量不高。教师素质也是千差万别。有些教师具有良好的学术背景和兽医实践经验，而有些教师虽然拥有高学历（硕士、博士和博士后），但缺少实践知识，不利于本科生培养。

许多学校的基础设施不足，如缺少实验室、教学医院，有些学校甚至不能满足对师资力量的最低需求。

兽医教育缺少被普遍接受的方法；相反，每个学校仅遵循自有的教学指南，却没有密切关注劳动力市场或社会经济的需求。其他问题涉及过时的课程及教育过于专业化。从历史上看，培养兽医应以掌握一般技能为基础，毕业后再侧重专业技能培养。然而，可能由于学校距离农村地区较远，技能培养的重点往往放在宠物及其相关专业上，忽视了兽医公共卫生、动物卫生监测、流行病学和动物生产等核心领域。

在某些情况下，预算无法满足学校的需求，不能保证正常运营，也无法进行正常投资。一些大学，大部分资源被分配给了其他课程，如医学。此外，一些预算充足的兽医学校不知道如何投入资源来维持良好的平衡及可持续性经营。

认证制度的不完善以及缺乏对毕业生的认证或许可制度，导致该地区许多国家的兽医教育水平没有提高。

在2002—2007年期间，巴西的毕业生必须参加认证考试，才能加入联邦和地区兽医理事会，即获得执业授权。经过多次司法裁决，该项规定已被撤销。目前，巴西联邦兽医委员会正在努力制定一项法律，以恢复认证考试。

关于提高美洲地区兽医教育质量的建议

以下是提高美洲地区兽医教育质量的基本建议。

- 必须提供具有兽医实践经验的合格教师，以便向学生展示正确的专业活动程序。
- 教育应遵循一种变革性而非信息性的模式。所有知识领域都在不断发展，兽医院校应不断变革仅向学生提供信息而不注重技能培养的教学制度。相反，有必要让学生参与到世界兽医学的发展过程中。
- 必须灵活设置课程，允许纳入满足社会需求的新科目。应考虑相关国际和国内组织的准则。

• 一些学校需要对基础设施进行投资。诊断和研究实验室需要给学生提供广泛的知识并唤醒学生的求知欲。兽医医院需要兼顾小型和大型动物，并为学生提供实践经验。

• 学生应了解各种专业现状，应避免过早专业化。

• 应增加预算，并改进预算执行的手段。预算可用性及其妥善执行对于良好的兽医教育至关重要。

• 国际组织（OIE、泛美兽医科学协会）应在兽医毕业生认可和认证制度的改善方面保持呼吁和支持力度。

OIE 的建议（包括 DAY 1 的工作能力和基本兽医核心课程）可以作为兽医学校和发证机构的参考。

非洲地区的兽医教育

L. J. Pangui，S. N. Bakou

摘　要

在非洲，兽医学教育具有多元化，由60个培训院校提供。这些院校根据其成立日期可分为三类：第一代院校（1960年以前）、第二代院校（1960—2000年）和第三代院校（2000年以后）。除了达喀尔国际兽医科学医学院（EISMV）之外，所有院校均属于国立院校。EISMV由非洲五个区域中三个区域（西部、中部和东部）的15个法语成员国共享。

这些院校所提供的培训差异很大，原因在于教育体系受到非洲各国过去的殖民历史影响。学位课程为期5～6年，课程结束之后，学生可以获得相当于兽医学学士（BVM）和兽医学博士（DVM）的学位。每所院校每年的毕业生人数从15人到135人不等，其中女性毕业生仅占5%。非洲院校的人力和财力资源、基础设施和设备都很有限。

课程几乎涵盖了所有兽医教育学科，但各国的侧重点不同。

就教学绩效而言，第一代和第二代院校确实有能力提供高质量的教育，而第三代院校则需要借鉴在OIE结对项目下较成熟院校的经验。

最后，统一课程、规范学位、开发人力资源和促进人员流动的改革措施应该会改善非洲地区兽医教育的绩效，以确保毕业生获得扎实的技能和足够的自主权，从而开始其职业生涯，并帮助提升非洲的兽医服务。

关 键 词

非洲；课程；绩效；兽医教育。

欧洲的兽医教育

P. Lekeux

摘　　要

欧洲的基础兽医培训依照各国立法、欧洲委员会指令（欧盟成员国所关注的指令）以及欧洲兽医教育机构协会的建议开展。而这种状况正在发生变化，越来越多的非欧盟国家不但考虑欧洲兽医教育机构协会的建议，还考虑 OIE 当前关于兽医教育的建议。

这种兽医培训由大学或高等教育机构组织，包括至少 5 年的全日制理论和实践学习。

培训课程的设置一方面主要基于需要教授的必修科目列表，另一方面基于全科医生需要掌握的“DAY 1 毕业生工作技能”。

必修科目又分为基础科学、临床前科学、临床科学、动物生产、食品卫生和专业知识。

欧洲兽医教育机构协会 DAY 1 毕业生工作技能主要针对全科兽医实践，包括三大方面的基本能力，即一般专业技能和素质、基础知识和理解能力、兽医实践能力。它们与 OIE 关于 DAY 1 毕业生工作能力的建议是一致的。

欧洲的兽医专业培训依照各国立法和欧洲兽医专业委员会及其不同学院的建议开展。通常，培训包括一年实习，然后是为期三年的全日制住院医师培训，这需要得到相关专业学院的批准，并由其中一名专科医生监督。

欧洲的兽医研究培训依照各国立法和欧盟指令（如波隆纳进程）开展。通常，培训包括一年的博士教育（MSc），然后是至少三年的全日制研究课程项目，才能取得博士学位（PhD）。

关 键 词

课程；教育；欧洲；兽医。

引　　言

兽医教育于 252 年之前在法国里昂诞生。如今，欧洲 38 个国家约有 100 所兽医教育院校。

欧洲的兽医培训依照各国立法、欧洲委员会指令（欧盟成员国所关注的指令）以及欧洲兽医教育机构协会的建议开展。该协会成立于 1988 年，旨在提升和发展欧洲兽医教育的质量和标准。欧洲兽医教育机构协会与 1977 年成立的欧洲兽医联合会，均是欧洲兽医教育机构的权威认证机构。

随着越来越多的非欧盟国家既考虑欧洲兽医教育机构协会的建议，还考虑 OIE 当前关于兽医教育的建议，这种状况正在发生变化。

主要挑战

兽医教育必须面对一些挑战：

-与该领域的需求相比，有许多学生想要成为一名兽医，而他们中的大多数人仅对伴侣动物感兴趣。因此，大多数国家都组织了入学考试，根据未来需求和学校提供适当教育的能力调整招生人数。

-信息量将出现爆炸性增长。这是由于新的家畜品种、新的临床学科、新的法规、新的信息学和诊断技术以及对专业知识和技术的新要求等多种因素所造成的。因此，必须在研究生阶段教授一些知识。

-针对不同种类家畜的临床培训需要巨额花费。因此，一些兽医学校与私人诊所合作，以降低这一成本。

-由于欧盟内人员、商品和服务的自由流动，以及不同国家兽医培训的多元化，为了保证高标准的兽医教育，必须在超国家层面上进行培训的协调和评估。

通常，欧洲的兽医教育细分为基础培训、专业培训、研究培训和继续教育。

基础兽医培训

基础培训由大学或高等教育机构组织，包括至少 5 年的全日制理论和实践学习。在大多数国家，基础培训又细分为学士学位阶段（180 学分，临床前阶段）和硕士学位阶段（180 学分，临床阶段）。

培训课程的设置一方面主要基于需要教授的必修科目列表，另一方面基于全科医生需要掌握的“DAY 1 毕业生工作技能”。

必修科目又细分为基础科学、临床前科学、临床科学、动物生产、食品卫生和专业知识。

基础科学主要包括物理学、化学、动物生物学、植物生物学、生物数学。在大多数教育机构中，还包括外语、团队合作、基于问题的学习和数据库访问。

临床前科学包括解剖学、组织学和胚胎学、生理学、生物化学、遗传学、药理学和药剂学、毒理学、微生物学、免疫学、流行病学和职业伦理。

临床科学包括产科学、病理学（包括病理解剖学）、寄生虫学、临床医学和外科学（包括麻醉学）、关于各种家畜、家禽和其他种类动物的临床讲座、预防医学、放射学、生殖和生殖障碍、公共卫生学、兽医立法和法医学、治疗学和预备教育。

动物生产包括动物营养学、农艺学、农村经济学、畜牧学、兽医卫生学、动物行为学与保护学。

食品卫生包括动物性食品或动物源性食品的检验与控制、食品卫生与技术和社会实践（包括在屠宰、加工食品的场所从事社会实践）。

专业知识包括知识、技能、能力和态度。

欧洲兽医教育机构协会 DAY 1 毕业生工作技能主要针对全科兽医实践，包括三大方面的基本能力，即一般专业技能和素质、基础知识和理解能力、兽医实践能力。它们与 OIE 关于 DAY 1 毕业生工作能力的建议是一致的。

兽医专业培训

欧洲的兽医专业培训依照各国立法和欧洲兽医专业委员会及其不同学院的建议开展。通常，培训包括 1 年实习，然后是为期 3 年的全日制住院医师培训，这需要得到相关专业学院的批准，并由其中一名专科医生监督。

大多数专业学院都是基于一个特定学科建立的，例如：欧洲兽医麻醉学院、欧洲兽医影像诊断学院、欧洲兽医内科学院、欧洲兽医神经学学院、欧洲兽医眼科医师学院、欧洲兽医外科医师学院、欧洲动物繁殖学院、欧洲兽医临床病理学学院、欧洲兽医皮肤病学学院、欧洲兽医病理医师学院、欧洲兽医药理与毒理学学院、欧洲兽医牙科医学院、欧洲实验动物医学学院、欧洲兽医行为医学学院、欧洲兽医与比较营养学学院、欧洲兽医公共卫生学院、欧洲兽医寄生虫学学院。

有些专业学院则侧重于特定物种的教学，如欧洲牛卫生管理学院、欧洲猪卫生管理学院、欧洲禽类医学与外科学院、欧洲马内科学院等。

兽医研究培训

欧洲的兽医研究培训（即第 3 个阶段，在学士学位和硕士学位学习之后）依照各国立法和欧盟指令（如波隆纳进程，涉及欧洲高等教育地区）开展。通常，培训包括一年的博士教育（MSc），然后是至少三年的全日制研究课程项目，才能取得博士学位（PhD）。课程项目和评估通常由当地的博士生学院（特定学科）管理，日常的监督工作由经认可的导师或导师团队负责。

若能满足以下几项条件，除可以获得国内博士学位外，还可以获得欧洲博士学位。例如：论文评审委员会根据来自两个不同欧洲国家的高等教育机构的至少两名教授起草的报告认可公开答辩，论文评审委员会中至少有一名成员就职于论文答辩国以外的欧洲国家的高等教育机构，部分答辩必须以论文答辩国以外的欧洲国家的官方语言进行及至少有一个学期的博士研究是在另一个欧洲国家进行的。

继续教育和终身学习

继续教育和终身学习由地方的、国家的和国际的公共及私营部门组织。它可以遵照各国立法、欧盟建议、专业组织的要求开展/或自愿开展。目前，在大多数国家，对于某些主题（例如，保持兽医公共卫生事务方面的专家地位），继续教育和终身学习是强制性的，而对于其他主题，也是非常值得鼓励的。

兽医培训评估

欧盟的基本政策之一是人员、货物和服务（如兽医等受管制的职业）的自由流动及学历和职称的相互承认。因此，需要对职业培训进行协调和评估。兽医职业是目前唯一接受“自愿”评估的职业。

评估由欧洲兽医教育机构协会与欧洲兽医联合会依照欧盟指令 2005/36 和欧洲兽医教育机构协会标准操作程序合作组织开展，欧盟指令和标准操作程序（SOP）每年会审查一次。

概括地说，欧盟指令包括：

-课程持续时间（至少 5 年）；
-基础、临床、公共卫生、食品卫生、动物福利定义和科目；
-常见家畜物种（宠物、马、牛、猪、家禽……）的临床实习教学概念；
-循证医学、研究型教学、解决问题能力的概念；
-具有“DAY 1 工作技能”的“合格”兽医毕业生的概念。

目前的评估体系由两个步骤相似，但方法和目的不同的阶段组成。

第一阶段是审批符合欧盟指令 2005/36 中兽医培训要求的学院。

第二阶段是对于能遵循普遍接受的学术标准，并能提供合适学习机会的学院给予认证。为此，学院应证明其拥有监测培训、评估和学习机会质量的相关方法，可持续的质量保证体系和质量提升计划。

概括地说，评估过程包括以下步骤：
-学院申请评估；
-学院准备自我评估报告；
-专家组实地考察并提交报告；
-欧洲兽医教育委员会（包括欧洲兽医教育机构协会和欧洲兽医联合会的成员）分析评估报告，并做出最终决定。

自我评估报告包括多个章节，如目标、组织和财务、课程、教学、基础设施和设备、动物和教学材料、图书馆和学习资源、学生入学和注册、学术和后勤人员、专业培训、研究培训和继续教育。

实地考察时间约 4 天，主要由来自不同国家的 5 名专家组织考察，涵盖以下学科：基础科学、临床科学（学术教师）、临床科学（医师）、动物生产与食品卫生。另外，团队成员还包括一名欧洲兽医教育机构协会的协调员和一名本科生（观察员）。

欧洲兽医教育委员会做出的最终决定分为 3 种，即：批准（为期 10 年），有条件批准（最多存在两处可以迅速且完全纠正的不足之处），不批准。学院可以申请执行上诉程序。评估报告和最终决定必须在学院和欧洲兽医教育机构协会的网站上公布。其目的是向利益相关者提供信息，利益相关方涉及学生［潜在学生、本科生、研究生、伊拉斯莫斯（Erasmus）计划参与者、实习生、住院医生］、大学和学院、雇主（私人、公共）以及欧盟和地方主管部门。

主要不足之处包括设施不足（诊所、尸检和隔离室）、生物安全程序不完善，病例量少和特定物种的教学薄弱、实践教学（小组规模）薄弱等。

该评估程序符合欧洲高等级教育质量保障协会（ENQA）的规定。

2013 年的评估结果是 57 所学院获得批准，4 所获得有条件批准，20 所未获批准；大约有 20 所学院尚未进入实地考察阶段，其中有 6 所学院被认可通过第二阶段。

未来的发展包括欧洲兽医教育机构协会、其他大洲的类似组织和 OIE 之间的共同努力，以评估“全球评估系统”的可行性。

亚洲、远东和大洋洲地区*的兽医教育

B. T. Anh Dao

摘　要

对亚洲地区（马来西亚、印度尼西亚、泰国、菲律宾、缅甸、越南）、远东地区（中国、韩国）和大洋洲地区（澳大利亚）9个国家的兽医教育课程进行分析后发现，该地区不同国家的兽医教育课程和学制期限差别很大（这不属于区域间分析，上述国家被视为属于同一地区）。兽医教育一般持续5～6年，视国家而定，核心课程共计151～288学时。所分析的课程仅涵盖了OIE就DAY 1毕业生应具备的最低工作能力而推荐的核心课程的52%～76%。农村经济、商业管理与动物生产、食品安全卫生和传播学等工作能力在课程里是缺失的。大多数课程项目分配给公共卫生相关课程的学时大约占总学时的0.9%～8.3%。兽医教育研究生课程侧重于国内公共卫生和病理诊断问题。研究生培训通常持续1～2年，课程共34～45学时。为确保本地区各国兽医专业DAY 1毕业生应具备的最低工作能力的一致性，应将一些公共科目的课程标准化。

关键词

DAY 1毕业生工作技能；OIE亚洲、远东和大洋洲地区；兽医教育；OIE。

引　言

本文分析了亚洲、远东和大洋洲部分国家的兽医教育课程，以揭示该地区兽医本科和研究生课程的主要特点。它还将兽医课程与OIE推荐的兽医核心课程进行了比较，以确定兽医教育的现状以及各课程是否符合OIE课程指南。通过分析得出，该地区各国的共同行动方案是改进其兽医课程，确保DAY 1毕业生具备最低的工作能力，从而满足该地区和整个世界的需求并推动世界更加安全。

该分析涵盖了亚洲、远东和大洋洲地区9所代表性大学的兽医课程。

-马来西亚普特拉大学（马来西亚）

-艾尔朗加大学（印度尼西亚）

-朱拉隆功大学（泰国）

-洛斯巴诺斯大学（菲律宾）

-兽医大学（缅甸）

-韩国首尔国立大学（韩国）

-中国农业大学（中国）

* 按照OIE对动物疫病报告区域的划分，OIE设立了5个区域，分别为欧洲，亚洲、远东和大洋洲，美洲，非洲，以及中东，并非传统地理意义上的区域划分。

-越南河内农业大学（越南）

-悉尼大学（澳大利亚）

兽医专业本科课程

所有大学的兽医课程学制期限为 5～6 年，总学时从 151 至 288 学时不等（包括必修和选修课程）。

马来西亚普特拉大学兽医学院的兽医课程学制期限为 5 年，共 171 学时，其中必修课程占 159 学时。印度尼西亚艾尔朗加大学兽医学院的兽医课程学制期限为 5 年，学生必须在前 4 年完成 145 学时的必修课程，才能开始最后一年的学习，兽医必须完成 35 个学时的临床实践才能被授予资格证书。缅甸兽医大学的兽医学士课程学习为期 5 年，共 188 个学时，其中必修课程占 161 学时。越南河内农业大学的兽医课程学制期限为 5 年，共 151 学时，其中必修课程占 135 学时，选修课程占 16 学时。中国农业大学的兽医课程学制期限为 5 年，共 204 学时，其中必修课程占 183 学时，选修课程占 21 学时。

泰国朱拉隆功大学兽医学院的兽医课程学制期限为 6 年，共 244 学时，其中必修课程占 208 学时。菲律宾洛斯巴诺斯大学的兽医课程学制期限为 6 年，共 240（239～241）学时；学生需要在前两年完成 77（76～78）学时的基础科学必修课程，后四年完成 163 学时的兽医职业教育。韩国首尔国立大学的兽医课程学制期限为 6 年，必修课程共 182 学时，选修课程共 56 学时。悉尼大学（澳大利亚）的兽医生物学学士/兽医学博士课程学制期限为 6 年，共 288 学时，每年 48 个学时（必修课程占 36 个学时、选修课程占 12 个学时）。表 1 总结了亚洲、远东和大洋洲地区 9 个国家的一些兽医课程。

表 1　亚洲、远东和大洋洲地区国家的兽医课程

国家	马来西亚	印度尼西亚	泰国	菲律宾	缅甸	韩国	越南	中国	澳大利亚
大学	马来西亚普特拉大学	艾尔朗加大学	朱拉隆功大学	洛斯巴诺斯大学	兽医大学	韩国首尔国立大学	越南河内农业大学	中国农业大学	悉尼大学
学制期限（年）	5	5	6	6	5	6	5	5	6
课程总学时	171	180	244	240	188	238	151	204	288
必修课程总学时	159	145	208	163	161	182	135	183	216

至于课程内容，兽医学校也表示，课程设置在课程总数和同一门课程的学时数上有明显差异。然而，与动物科学及国家或地区关注问题相关的课程已被纳入课程设置。

为了给“DAY 1”兽医毕业生应具备的最低工作能力提供全球指南，OIE 起草了一份推荐课程表，并于 2013 年初公布。OIE 为兽医核心课程设置推荐了 21 门课程（生物化学、遗传学、解剖学、生理学、免疫学、生物数学、动物福利与动物行为学、寄生虫学、药理学/毒理学、病理学、传染性疾病、微生物学、流行病学、农村经济学、商业管理与动物生产、临床与诊断学、国家和国际兽医立法、畜群卫生管理和营养、食品安全/卫生、公共卫生、专业法学与伦理学、传播学）。通过将兽医课程设置中的课程名称与 OIE 推荐的课程（表 2）进行比较，可以看出各国课程的符合率如下：76%（韩国、越南）；71%（马来西亚、印度尼西亚、菲律宾)；67%（泰国、澳大利亚)；62%（中国)；合格率最低的是 52%（缅甸)。

表 2　亚洲、远东和大洋洲地区国家兽医课程设置与 OIE 推荐的兽医核心课程比较结果

序号	OIE 推荐的兽医核心课程	马来西亚	印度尼西亚	泰国	菲律宾	缅甸	韩国	越南	中国	澳大利亚
		马来西亚普特拉大学	艾尔朗加大学	朱拉隆功大学	洛斯巴诺斯大学	兽医大学	韩国首尔国立大学	越南河内农业大学	中国农业大学	悉尼大学
1	生物化学	4	4	5	5	10	10	4	4.5	3
2	遗传学	3	2	2	3	—	3	—	—	6
3	解剖学	12	14	18	15	22	17	9	8	6
4	生理学	9	4	9	8	12	7	4	4.5	6
5	免疫学	2	8	3	2	—	4	2	2.5	6
6	生物数学	3	6	—	3	—	6	3	2	6
7	动物福利与动物行为学	—	—	—	—	—	—	2	—	6
8	寄生虫学	5	8	6	8	10	9	5	6	6
9	药理学/毒物学	4	9	6	8	10	10	7	8	6
10	病理学	11	9	7	7	20	8	6	7	6
11	传染性疾病	—	—	—	—	—	4	5	3	6
12	微生物学	7	8	6	7	20	6	6	5.5	6
13	流行病学	3	2	3	3	3	1	3	—	6
14	农村经济学、商业管理与动物生产	—	—	—	—	—	—	—	—	—
15	临床与诊断学	35	20	39	41	23	36	23	38	30
16	国家和国际兽医立法	—	—	—	—	—	—	1	1.5	—
17	畜群卫生管理和营养	2	2	2	3	30	1	—	—	—
18	食品安全/卫生	—	—	—	—	—	—	9	—	—
19	公共卫生	4	12	8	6	8	3	5	2.5	—
20	专业法学与伦理学	2	2	1	2	—	1	—	—	—
21	传播学	—	—	—	—	—	—	—	—	—
与 OIE 推荐课程一致的课程数目		15	15	14	15	11	16	16	13	14
与 OIE 推荐课程一致的课程比例		71%	71%	67%	71%	52%	76%	76%	62%	67%

注：上表中的斜体数字表示学时。

与 OIE 推荐的核心课程相比，课程设置中缺少的课程有：传播学（9 个国家课程设置中都没有)，农村经济学、商业管理与动物生产（9 个国家课程设置中都没有)，国家和国际兽医立法（9 个国家课程设置中仅 2 个有），动物福利与动物行为学（9 个国家课程设置中仅 2 个有）。

除了与兽医职业有关的内容之外，多数国家的课程设置均包含与公共卫生相关的课程。但是，课程设置上，公共卫生相关课程占必修课程总学时的比例各不相同（表 3）。公共卫生相关课程的设置往往采用以下 2 种形式之一：①直接形式，即课程设置中包含公共卫生课程；②间接形式，公共卫生相关内容被纳入其他必修课程，或选修课程，或讨论课/研讨会。含有公共卫生相关内容的课程有：兽医立法、兽医调查、兽医流行病学、兽医诊断、人兽共患病、食品卫生、传染病学、临床诊断、兽医疫苗学、诊断实践、病原生物学与预防医学。

表 3　公共卫生相关课程在兽医课程设置中的比例

兽医课程设置	必修课程总学时	公共卫生相关课程的学时数	比例（%）
马来西亚普特拉大学（马来西亚）	159	4	2.5
艾尔朗加大学（印度尼西亚）	145	12	8.3
朱拉隆功大学（泰国）	208	8	3.8
洛斯巴诺斯大学（菲律宾）	163	6	3.7
兽医大学（缅甸）	161	8	5.0
韩国首尔国立大学（韩国）	182	6	3.3
越南河内农业大学（越南）	135	5	3.7
中国农业大学（中国）	183	2.5	1.4
悉尼大学（澳大利亚）	216	2	0.9

少数国家开设了传统医学课程：在中国，开设了兽医针灸（中医技术）（1.5 个学时）和中兽医学（1.5 个学时）；在越南，开设了兽医针灸（2 个学时）；在韩国，开设了传统兽医学（1 个学时）。

兽医专业研究生课程（硕士）

9 所大学的研究生课程在学制（1～2 年）和所需最少总学时方面有所不同（表 4）。课程设置侧重于以下核心科目：

-动物解剖学

-内科学

-微生物学

-寄生虫学

-病理学

-生理学

-公共卫生

-外科学

-兽医产科学

表4　兽医专业研究生课程的学制期限和所需最少总学时

大学	课程名称	学制期限（年）	所需最少总学时
马来西亚普特拉大学（马来西亚）	兽医学硕士	1	36
艾尔朗加大学（印度尼西亚）	兽医公共卫生硕士	2	36
朱拉隆功大学（泰国）	兽医学硕士	2	38
洛斯巴诺斯大学（菲律宾）	兽医学硕士	2	36
兽医大学（缅甸）	兽医学硕士	2	36
韩国首尔国立大学（韩国）	兽医学硕士	2	39（24＋15研讨会）
越南河内农业大学（越南）	兽医学硕士	2	45
中国农业大学（中国）	兽医学硕士	2	34
悉尼大学（澳大利亚）	兽医学硕士/兽医临床研究硕士	1	36

课程结构包括：必修课9～10学时；核心科目10学时；其他课程和硕士论文9～10学时。总的来说，课程旨在提高兽医在兽医服务、食品安全、保护环境及公共卫生方面的技能。

讨　论

目前，各国的兽医课程旨在建设兽医机构在维护动物卫生与健康、食品安全和环境保护领域的能力，并应对新趋势带来的挑战，而地区的兽医培训研讨会则强调了疫病的全球传播、食品安全和预防兽医学的重要性。这些专题研讨会（如禽流感、新发传染病以及动物卫生和公共卫生全球化的影响等研讨会）有助于提高DAY1毕业生对当前公共卫生和动物卫生问题的理解和研究生的学习。

总之，公共卫生和动物卫生问题已经完全地纳入该地区的兽医课程中。所有本科课程都开设了与公共卫生和预防医学相关的必修课。此外，一些兽医学校为满足市场需求还开设了硕士课程，但各学校的侧重点有所不同。

结　论

亚洲、远东和大洋洲国家的兽医课程是有差异的。它们需要做出承诺并开设好课程，才能确保DAY 1兽医毕业生具备应有的最低工作能力。仍需开设的课程包括：（i）跨界传播疫病的识别和控制；（ii）人兽共患病的识别和控制；（iii）受公共监督的公共卫生、流行病学和食源性疫病的原则；（iv）兽医学全球问题的概述。

根据OIE推荐的课程表，该地区各国应建立标准化的课程体系，包括OIE推荐的课程、该地区或邻近国家的代表性必修课程以及每个国家的特色课程。

扎实的临床医学培训也是必不可少的，兽医能够准确、彻底地检查患病动物，对每一个病例做出合理的鉴别诊断，然后采集合适的样本进行检测以做出明确诊断，是疫病有效监测的基石。

在调整兽医核心课程后，为确保至少有一部分兽医掌握先进且复杂的技术和研究技能，除了开展必要的活动（如疫病监测、风险评估、流行病学监测和开发新的诊断检测方法和疫苗）之外，还需要开展额外的研究生培训。至少，迫切需要开设公共卫生和流行病学方面的硕士课程。

第 2 部分

兽医法定机构：全球机构

主席：Guilherme Henrique Marques，OIE巴西代表

为什么需要强大的兽医法定机构？

H. P. Schneider

摘　要

一个国家的兽医机构由提供动物卫生服务的所有公共和私营部门组成。兽医的责任范围广，远远超出动物和客户个体，包括满足社会对“公共事业”（如动物福利、食品安全、环境卫生、公共卫生和生物安全）的期望。为了使兽医机构能够符合 OIE《陆生动物卫生法典》（简称《陆生法典》）第 3.1 和 3.2 章所载的兽医机构质量国际标准，兽医法定机构在建立和维持良好兽医管理方面发挥着关键且不可或缺的作用。

高质量的兽医教育和有效的兽医职业监管体系是良好兽医管理的主要内容。这些良好兽医管理的核心内容与对兽医职业的普遍认可密切相关。“职业”的定义得到了突出强调。

兽医法定机构在确保兽医的卓越表现和道德操守方面的核心责任和职能，即通过发放许可证/注册管理兽医和兽医辅助人员、确定兽医基础教育和继续教育的最低标准，以及制定和执行职业行为标准和道德规范。

还要特别提出，根据立法授权，兽医法定机构应有一定的权威和能力，不受不正当的政治干预，并拥有足够的行政和财务支持，以便能够以负责任和透明的方式行使其职能。兽医法定机构在制定职业行为守则时，其范围应涵盖兽医活动的所有领域，包括根据《良好兽医操作规范》制定的质量管理体系协议和准则。

总之，为了使一个国家的兽医机构遵守 OIE 关于良好兽医管理和优质兽医服务的国际标准，一个有效且资源充足的兽医法定机构至关重要。

关 键 词

良好兽医管理/执业；兽医职业；兽医法定机构。

引　言

一个国家的兽医机构由提供动物卫生服务的所有公共和私营部门组成。兽医的责任范围广，远远超出动物和客户个体，包括满足社会对“公共事业”（如动物福利、食品安全、环境卫生、公共卫生和生物安全）的期望。

为了使兽医机构能够符合 OIE《陆生动物卫生法典》第 3.1 和 3.2 章所载的兽医机构质量国际标准，兽医法定机构发挥着关键且不可或缺的作用。

强大、高效、称职的兽医法定机构的主要职责和职能

兽医法定机构只有具备健全的法律基础、能自主决策、在稳定的环境下运营，以及拥有

充足财力和行政资源，才有能力应对和达到 OIE 提出的兽医机构质量标准。

兽医法定机构和良好兽医管理

良好兽医管理（GVG）依赖于应用并坚持 OIE 的标准（如《陆生法典》中公布的标准），特别是兽医机构质量的基本原则，可以通过兽医机构的绩效评估（利用 OIE 的兽医机构效能评估工具）来衡量 GVG。

然而，最重要的是政治利益相关方的坚定承诺，无论是在国家、地区还是国际层面，要有必要的资金，来追求和实现各级良好兽医管理的目标，以应对不断增加的病原体对人类和动物卫生造成的威胁。

使公共兽医部门与私营兽医部门，以及与牲畜所有者、食品生产者和加工者等建立密切的工作关系或伙伴关系，是国家兽医机构实现良好兽医管理的一个重要措施。

按照 OIE 标准（包括公共卫生、水生和野生动物卫生和疫病监测标准），进行跨学科的交流和协调，对于防止病原体的引入及其控制或消灭至关重要。

良好兽医管理理念的主要内容

良好兽医管理的主要内容包括：

-高质量的兽医教育；

-有效的兽医职业监管制度。

建立和维持兽医法定机构被认为是良好兽医管理的一项主要内容。

兽医法定机构和兽医职业

兽医

谁是兽医？

根据 OIE《陆生动物卫生法典》的规定，兽医是指“……接受过相应教育、在其国家兽医法定机构注册或获得该机构颁发的执照允许其在该国从事兽医医疗/研究工作的人员”。

因此，有两项标准适用：

-适当的教育；

-兽医法定机构注册/颁发执照。

因此，国家设立兽医法定机构是非常重要且必要的。

兽医辅助人员

谁是兽医辅助人员？

根据 OIE《陆生动物卫生法典》的规定，兽医辅助人员是指由兽医法定机构授权并在兽医的领导和监督下，在其境内从事指定任务（任务内容取决于兽医辅助人员的具体类别）的人员。兽医法定机构应根据需求和资质，确定每一类兽医辅助人员的任务。

因此，有三项项标准适用：

-由兽医法定机构授权；

-从事兽医法定机构指定的任务；

-在兽医的领导和监督下，前提是必须在兽医法定机构注册或获得该机构颁发的执照。

兽医辅助人员对于兽医机构提供高质量服务是不可或缺的，其发挥着重要作用。

在很多方面，兽医辅助人员是兽医的“眼睛和耳朵”。例如，在动物卫生监测、食品卫生、实验室服务等方面，他们是“兽医家庭”的重要成员。

兽医职业

良好兽医管理的核心内容与对兽医职业的普遍认可密切相关。因此，“职业”的定义，是与兽医职业相关的最基本的法律概念。正如定义所展现的，兽医是专业人员。

传统认为，中世纪和近代早期只承认三种专业：神学、医学和法律。然而，随着 1761 年（法国里昂）Bourgelat 引入正规兽医教育，诞生了兽医职业，它既不是一种行业，也不是一个职位。从一开始，很明显，Bourgelat 就打算将这些新的动物医生与其他医学专业人员同等看待。

随着 19 世纪技术和职业专业化的兴起，其他职业开始要求获得专业地位，包括兽医。

目前看来效果不错，但什么是职业呢？

作为指导，我们需要看看“专业”的定义。仅在 2003 年，Cruess 等人提出了以下定义：一种职业，其核心内容是以掌握一套复杂的知识和技能为基础的工作。

它是以某些科学知识或学问或一门技术为基础，服务他人的一种职业。

专业人员受职业道德准则的约束，并承诺在他们的领域内追求能力、诚信和道德、利他主义和推动公共事业。这些承诺构成了专业与社会之间的社会契约基础，而社会契约则赋予了该专业对其知识的独占使用权、在实践中享有相当大的自主权和自我管理的特权。

专业及专业人员要对服务对象和社会负责。

Cruess 强调，“专业”的定义还明确指出，权利和特权不是与生俱来的，而是社会为换取某些行为和技能而赋予的。这体现了社会契约的概念和实质。我们认识到，我们的行为和服务既要对患者负责，也要对社会负责，虽然这种责任在过去并未公开，但现在是我们的义务。

因此，经过总结并运用于兽医职业中，其核心内容包括：

（1）需要通过大学水平的正规和系统化教育以及培训获得专门的知识和技能。

（2）行为和服务需要对客户（接受服务者）和社会负责。

（3）兽医专业人员须遵守专业管理机构（兽医法定机构）制定的职业行为和道德守则。

（4）成员在个人、责任和主业能力方面，应具有相同的价值观和信念，并能做出能力和诚信的承诺。

（5）兽医职业通过兽医法定机构自我约束。

兽医职业化

职业化指一个人经过培训后，应该具备胜任工作所需的技能、良好的判断力和礼貌的行为，而不是“不专业的行为”。因此，专业化不仅仅是做好本职工作。

Mossop 在 2012 年发表的一篇文章中提出了一种规范化定义，即“……兽医职业化……将平衡的属性作为核心内容”。兽医要不断地满足其客户、被照管的动物、社会及为他们提供就业机会的兽医诊所的要求和期望。一些能力可以帮助满足这些需求，从而展现出专业化的能力，包括效率、技术能力、诚实、利他主义、沟通技巧、个人价值、自主性、决策、礼貌、同情心、信心和承认局限性（图 1）。

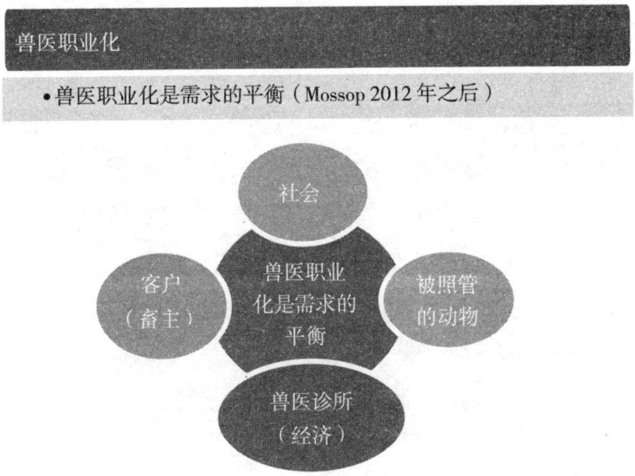

图 1　兽医职业化是需求的平衡。必须强调的是，动物福利是兽医职业化的核心内容

兽医职业道德

《陆生法典》第 3.2.12 条规定，兽医法定机构的目标是制定“……兽医和兽医辅助人员的职业行为和能力标准，并确保其达到这些标准”。

因此，兽医法定机构应将处理道德行为和问题视为制定兽医职业行为指南和守则相关责任的一部分，包括采取撤销注册/执照等纪律措施。

这种职业行为法规不仅旨在确保制定和实施专业能力和道德行为标准，而且在保持公众和国际社会对兽医机构的信心，特别是对兽医认证的可信度的信心方面发挥着重要作用。兽医认证应遵循尽可能高的伦理标准，最重要的是应根据《陆生法典》第 3.1、3.2、5.1 和 5.2 章（《陆生法典》第 5.2.1 条）尊重和保障认证兽医的职业操守。

Stephens 对兽医的职业道德进行了大量的论述，他指出：“动物伦理是指围绕着使用动物的道德问题，而兽医伦理则关注兽医如何做出决策及如何充当兽医护理专业人员。在这一专业决策的过程中，兽医经常需要考虑动物伦理问题，而他们的职业道德必然包括并超越这些关注点”。

在同一章中，Stephens 还提到伦理问题是兽医职业所特有的，主要是因为兽医必须以照顾动物为第一要务，这一要务有时会使他们与经济利益者或畜主的利益发生冲突，并引用 Rawles（2000）的话准确地描述了这一职责：

“简而言之，兽医不仅仅是站在技能服务第一线，还站在道德高线上，不断地平衡他们对动物福利的关注和所服务的行业、客户及操作规范的需求，但他们不一定接受过这方面的培训”。

在这种情况下，值得一提的是 Mahatma Gandhi 在 1925 年提到的“七宗致命社会罪恶”中的两宗，即：

1. 商业活动无道德底线
2. 科学研究不人性化

兽医法定机构制定执业守则时，应足够广泛，以涵盖兽医活动的所有领域，包括以《良好兽医操作规范》为基础的质量管理体系协议和准则（图 2）。毫无疑问，兽医法定机构必须具有法定权威及执法意愿。

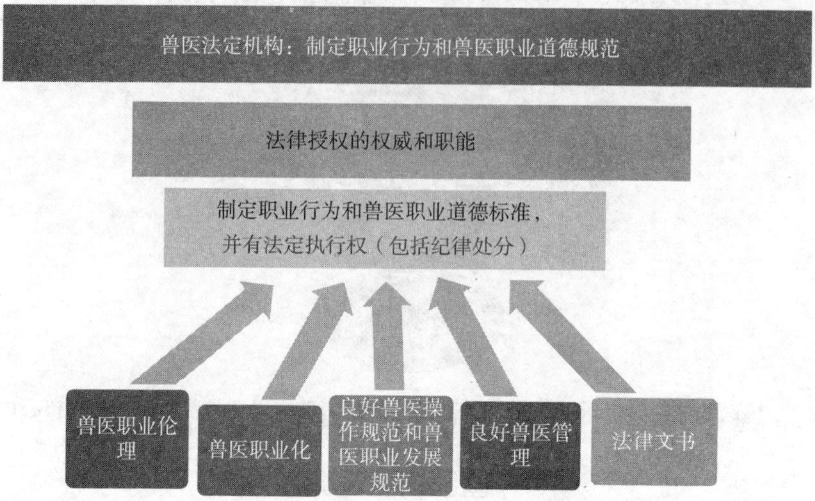

图 2　兽医法定机构：制定职业行为和兽医职业道德规范

兽医法定机构与兽医和兽医辅助人员的执照颁发/注册

鉴于上文所述的许多关键和重要的责任和职能，一个强大、有能力的职能型兽医法定机构是兽医机构实现、维持和提高其服务质量的最重要基石和工具。

通过制定注册/颁发执照及初级（预科）教育和继续（CPD）教育的标准，兽医法定机构将有助于推动兽医机构的效能和服务达到卓越水平（图 3 和图 4）。

《陆生法典》第 3.2.12 条详述，“……通过颁发执照/注册规范管理兽医和兽医辅助人员作为兽医法定机构的核心责任和职能，能确保兽医职业的卓越性和职业道德”。

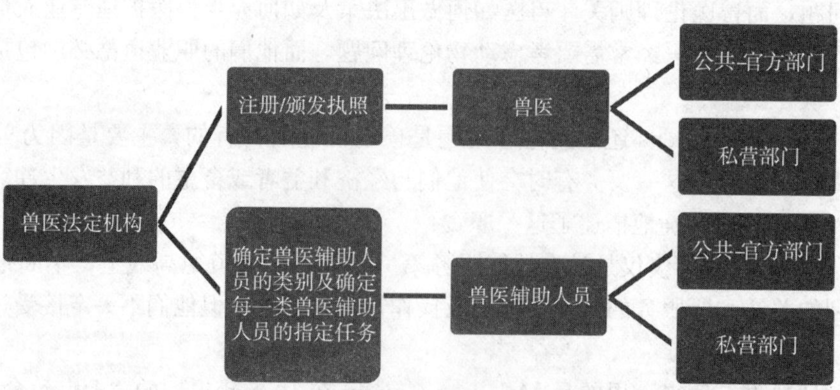

图 3　兽医法定机构在兽医和兽医辅助人员的颁发执照/注册方面的权利

兽医法定机构：DAY 1 毕业生及持续职业发展

兽医初级教育和继续教育的质量和全面性会直接影响到公共和私营兽医机构的质量和效能。

兽医法定机构履行其使命，依赖于兽医的初级教育和继续教育的有效性和质量。

兽医应届毕业生（即“DAY 1 毕业生”）必须具备最低工作能力，才能在公共或私营部门以专业和称职的方式开展工作，并确保提供高质量的兽医服务。

为满足持续职业发展（CPD）的要求而提供教育设施/培训课程/平台，最初是由私营兽医组织在自愿基础上引入的，后来一些兽医法定机构对此做出强制规定，作为维持兽医执照颁发/注册的其中一项要求。

持续职业发展是一种系统的学习方法，有助于确保实践能力，获得知识、技能和实操经验（图 5）。持续职业发展可以涉及任何相关的学习活动，不论是正式的、系统化的，还是非正式的、自我导向的。

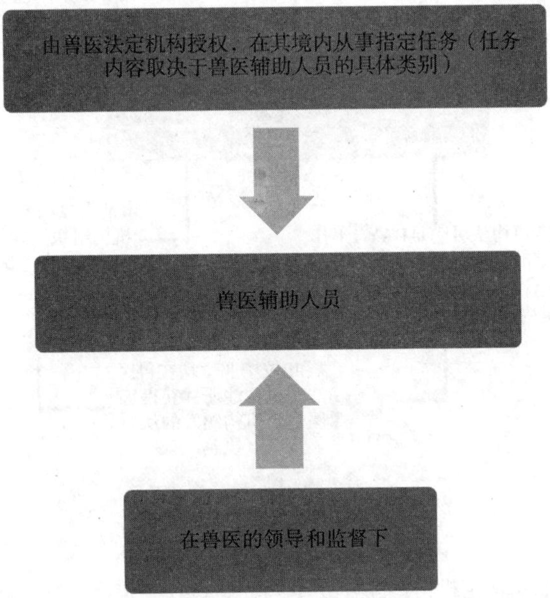

图 4　由兽医法定机构监管的兽医辅助人员及其与兽医的关系

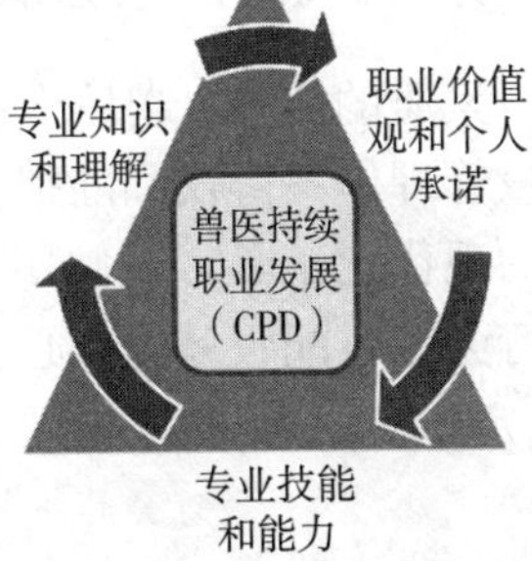

图 5　兽医持续职业发展

因此，兽医法定机构有责任监督和确保兽医教学机构达到初级预科课程的教学质量，以使兽医应届毕业生具备DAY 1工作能力，即最低程度的知识、技能、能力和态度（图6）。兽医法定机构可以通过以下措施核实兽医教学机构是否满足要求：

-兽医法定机构参观、检查和承认兽医教学机构，从而认可其兽医教学课程和这些教学机构，使兽医毕业生无条件地领取执照或注册以便从事兽医工作；或者

- 为从非认证兽医教学机构毕业的兽医设置和提供“委员会”或“理事会”考试。通过这类考试是在该国家/州内领取执照或完成注册，以从事兽医工作的前提条件。

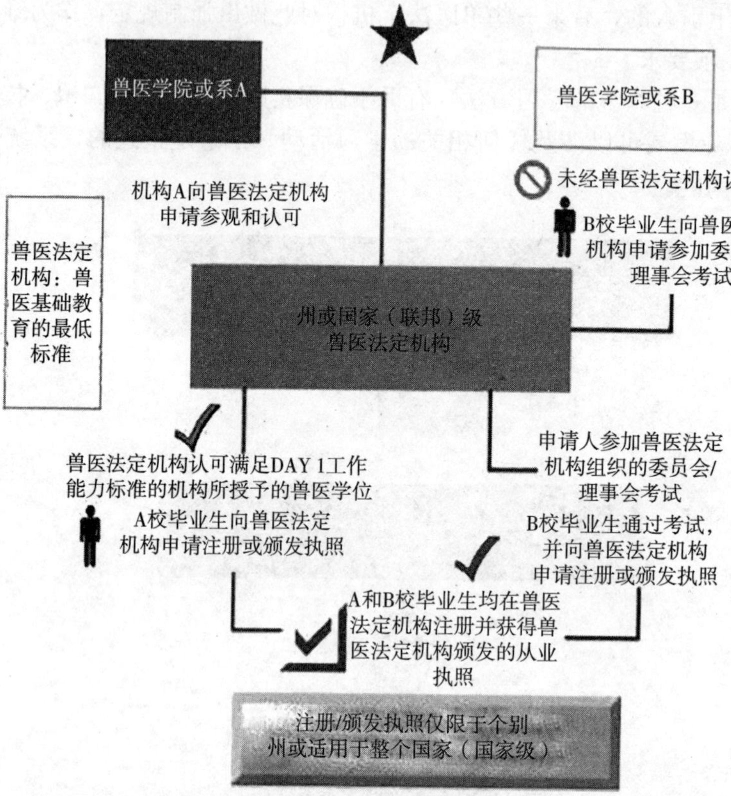

图6　兽医法定机构：兽医初级教育/DAY 1工作能力的最低标准

兽医法定机构和《良好兽医操作规范》

为了满足私营部门对兽医能力、素质的需求，兽医专业组织已率先根据《良好兽医操作规范》制定了兽医机构和诊所的质量管理体系协议和准则。

质量管理体系是自由市场体系的现代化工具，反映了客户/消费者对透明度的要求，以及获得与高水平的专业能力和道德行为相匹配服务的信心。

借用制造行业的术语，兽医法定机构可以被称为“兽医职业质量管理和保证主管部门”。

然而，凭能力提供专业服务，并对后果负责的概念一点也不新鲜，因为巴比伦国王汉穆拉比（Hammurabi）大约在公元前1780年就已经提出了对后果负责，他在《汉穆拉比法

典》第 225 条中颁布了最早的兽医服务条例，“如果（兽医）对一头驴或牛进行了重大手术，并导致驴或牛死亡，他应向畜主支付其价值的四分之一”（图 7）。

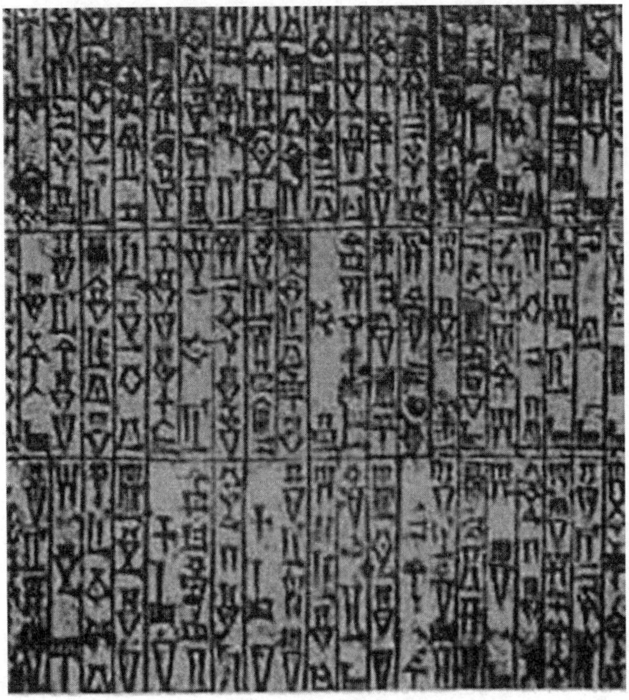

图 7　《汉穆拉比法典》的部分条款

第 224 条　如果兽医对一头驴或牛进行了重大手术，并导致驴或牛死亡，畜主应向兽医支付六分之一谢克尔（Shekel）的酬劳。

第 225 条如果兽医对一头驴或牛进行了重大手术，并导致驴或牛死亡，兽医应向畜主支付其价值的四分之一。

兽医法定机构：权力和能力

为了实现既定目标，兽医法定机构应通过专门的立法建立，并在制定政策和履行职能及责任方面具有自主权。

2013 年《陆生法典》对兽医法定机构的定义是“……兽医和兽医辅助人员的自主监管机构”。

在特定国家建立兽医法定机构取决于现有的政治/行政制度。因此，它可能是一个全国性机构，也可能是一个州或省级机构并在国家/联邦一级拥有一个联盟的兽医法定机构，视该国兽医机构的具体情况而定。

然而，兽医法定机构必须能够满足《陆生法典》中关于权力和能力的标准（这两项都是兽医机构效能评估所涉及的关键能力），《陆地法典》第 3.2.12 条详细规定了以下职能组成，如图 8 所示。

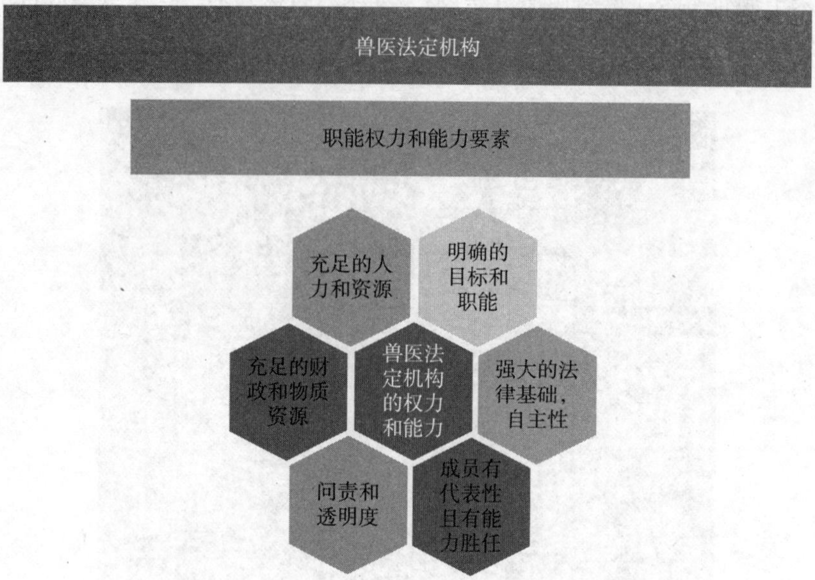

图 8　兽医法定机构的职能权力和能力要素

结　论

鉴于所强调的许多关键和重要的责任和职能，一个强大、有能力的职能型兽医法定机构是兽医机构以《陆生法典》中所述为最低标准实现、维持和提高其最高标准服务质量的最重要基石和工具。

通过制定注册/颁发执照及初级（预科）教育和继续（CPD）教育的标准，兽医法定机构将有助于推动兽医机构的效能和服务达到卓越水平。

由于兽医机构是一种“公共事业”机构，为了应对当前和未来日益增长的专业和社会需求和挑战，兽医机构需要在所有相关方面做好准备，以适应所有陆生动物和水生动物卫生学科、公共卫生（“同一健康”）和动物福利的需求。兽医法定机构的一个特别重要的作用是负责任且谨慎地对动物使用抗菌剂。

兽医教育机构、公共和私营兽医机构、兽医法定机构（例如结对组织）和兽医专业协会/组织之间应建立更密切的合作关系，以便在全球范围内改善和维持良好兽医管理。

最后一点意见：兽医行业作为一个整体必须拥有“所有权”并成为兽医法定机构的一个专业和忠诚的合作伙伴，以保护和维护该行业的自我监管权力，并始终是“解决方案”的一部分，以实现兽医机构在目前和未来的卓越和高质量。

OIE 兽医体系效能评估对兽医法定机构的结果分析

D. Belton

摘　　要

兽医机构的质量与兽医法定机构的作用密切相关。OIE 的兽医体系效能程序根据兽医体系效能评估工具（OIE PVS Tool）为评估和加强国家兽医机构提供了框架，并已在 OIE 成员内广泛使用。PVS 工具将兽医法定机构的能力作为兽医机构效能评估的一部分。

2006—2009 年期间，OIE 的兽医体系效能评估工具纳入了一项与兽医法定机构的发展水平有关的关键能力。自 2010 年起，兽医法定机构的权力和能力已作为两项不同的关键能力被评估。所有关键能力均由 OIE 的评估员进行定性评估，以得出预估的发展水平（共 5 个可能水平）。从评估结果可以看出国家兽医法定机构的效能。能力上的差距对兽医机构的管理有重要影响。2006—2013 年期间的 112 项评估结果显示，许多国家仍然没有立法规定设立兽医法定机构，因此，对兽医或兽医辅助人员的监管很少，甚至没有。此外，一些国家没有代表兽医或兽医辅助人员的正式专业组织。

2009—2013 年期间，兽医机构效能评估工具将兽医法定机构的权力和能力确定为两项不同的关键能力，这一期间的兽医机构效能评估分析表明，一半以上的被评估国家的兽医法定机构的能力发展水平低，即“兽医法定机构没有能力履行其职能和实现目标”。

2009 年之前和之后的分析相辅相成，而且明确表明，全球需要加强兽医法定机构的权力和能力，以加强对国家兽医机构的管理。

关 键 词

OIE 兽医体系效能评估工具；兽医法定机构；兽医立法；OIE

引　　言

本文简要介绍了 2006—2013 年期间，OIE 对于开展兽医体系效能（PVS）评估的国家内兽医法定机构的分析与发现。

尽管各个成员的兽医体系效能评估包含了大量关于该国兽医机构的资料，但在将其作为数据集进行总结和展示时，必须认识到一些局限性。这些局限性包括：样本群体是自选的；评估是在 7 年期间进行的（在此期间，一些国家的评估结果会发生变化）；兽医法定机构的评估标准在数据收集期间发生了变化；以及与许多类似的数据集一样，存在一些数据缺口。

结　　果

表 1 至表 3 是按当时使用的评估标准和地区列出的 2006—2013 年期间进行的 112 项兽

医机构效能评估的结果。

表1　关键能力Ⅲ-5：兽医法定机构

发展水平	地区					
	非洲	亚洲和太平洋	美洲	中东	欧洲	全球
1级	10	4	3	4	6	27（35%）
2级	7	4	5	2	2	20（26%）
3级	6	0	3	0	1	10（13%）
4级	10	3	5	2	1	21（27%）
5级	0	0	0	0	0	0（0%）
总计	33	11	16	8	10	78（100%）

在2006—2009年期间，OIE利用其制定的第1至第4版兽医体系效能评估工具进行的评估中，所报告的关键能力Ⅲ-5的全球及地区发展水平总结。

1级发展水平：没有立法规定设立兽医法定机构。

2级发展水平：有一个兽医法定机构，但它没有做出决定或采取纪律措施的法定权力。

3级发展水平：兽医法定机构仅负责监管特定兽医机构内的兽医和兽医辅助人员（如公共部门，而不是私营部门的兽医人员）。

4级发展水平：兽医法定机构负责监管所有兽医机构内的兽医和兽医辅助人员。

5级发展水平：兽医法定机构在自主性、职能能力和成员代表性方面均须接受评估。

表2　关键能力Ⅲ-5A：兽医法定机构的权力

发展水平	地区					
	非洲	亚洲和太平洋	美洲	中东	欧洲	全球
1级	6	3	4	1	4	18（53%）
2级	4	2	1	1	0	8（24%）
3级	3	0	1	0	0	4（12%）
4级	1	1	0	0	0	2（6%）
5级	1	1	0	0	0	2（6%）
总计	15	7	6	2	4	34（100%）

在2010—2013年期间，OIE利用其制定的第5和第6版兽医体系效能评估工具进行的评估中，所报告的关键能力Ⅲ-5A（兽医法定机构的权力）的全球及地区发展水平总结。

1级发展水平：没有立法规定设立兽医法定机构。

2级发展水平：兽医法定机构仅负责监管特定兽医机构内的兽医和/或不能系统地采取纪律措施。

3级发展水平：兽医法定机构负责监管所有相关兽医机构内的兽医，并能系统地采取纪律措施。

4级发展水平：兽医法定机构负责监管所有兽医机构内兽医的职能和能力，并根据需求，监管兽医辅助人员的职能和能力。

5级发展水平：兽医法定机构负责监管国内所有兽医机构内的兽医和兽医辅助人员，并能采取纪律措施。

表 3 关键能力Ⅲ-5B：兽医法定机构的能力

发展水平	地区					
	非洲	亚洲和太平洋	美洲	中东	欧洲	全球
1 级	5	2	2	2	3	14（56%）
2 级	3	2	1	0	0	6（24%）
3 级	1	0	0	0	0	1（4%）
4 级	3	0	1	0	0	4（16%）
5 级	0	0	0	0	0	0（0%）
总计	12	4	4	2	3	25（100%）

兽医法定机构根据 OIE 的标准履行其职能和实现目标的能力。

在 2010—2013 年期间，OIE 利用其制定的第 5 和第 6 版兽医机构效能评估工具进行的评估中，所报告的关键能力Ⅲ-5B（兽医法定机构的能力）的全球及地区发展水平总结。

1 级发展水平：兽医法定机构有能力履行其职能和实现目标。

2 级发展水平：兽医法定机构有能力实现主要目标。

3 级发展水平：兽医法定机构是独立的代表组织，并且有能力实现全部目标。

4 级发展水平：兽医法定机构具有透明的决策程序，并且符合 OIE 的标准。

5 级发展水平：兽医法定机构的财务和机构管理均须接受外部审计。

与兽医体系效能评估中对所有关键能力的评估一样，共有 5 级公认的发展水平，1 级代表最低水平，5 级代表最高水平。各级发展水平的描述指标符合逻辑进程，因此，达到某一发展水平的国家被认为符合该水平和所有与之相比较低水平的标准。各级发展水平的描述指标在各表中均有说明。

讨 论

尽管数据集有一定的局限性，但这些表格有一个总体的关键点，即在进行评估时，在 OIE 的所有成员中，只有不到一半的国家设立了有效的兽医法定机构来监管兽医资格注册、兽药处方以及兽医和兽医辅助人员的就业。

在 2006—2009 年期间，对单一的关键能力进行评估，评估等级从 1 级（没有立法规定设立兽医法定机构）到 5 级（兽医法定机构在自主性、职能能力和成员代表性方面均须接受评估），所有 78 个接受评估的国家中没有一个达到 5 级。鉴于达到 2 级发展水平的国家设立了无法定权力的兽医法定机构，可以得出结论，60%的国家在接受评估时均没有有效的兽医法定机构。

在 2010—2013 年期间，针对 2 项关键能力对兽医法定机构进行兽医体系效能评估：兽医法定机构的权力和能力。关于兽医法定机构的权力评估，在 2010—2013 年期间接受评估的国家中，有 50%以上的国家没有立法规定设立兽医法定机构。然而，有两个国家被评估为 5 级，这意味着其国内设有一个兽医法定机构，负责监管国内所有兽医机构的兽医和兽医辅助人员并能采取纪律措施。

同样，在对兽医法定机构的能力评估中，我们发现有超过 50%的国家没有能力履行兽医法定机构的职能及实现其目标。这些国家中没有一个被评估为 5 级，但经过评估，有 4 个国家具有透明的决策程序并符合 OIE 的标准。

结　论

尽管这组数据有一定的局限性，但结果表明，OIE 的许多成员在建立有效的兽医法定机构方面还有一些工作要做。还应该指出，在一些情况下，被评估为没有设立有效兽医法定机构的国家很可能设有一些其他机构来履行兽医法定机构的职能，值得进一步调查。

致　谢

特别感谢 OIE 的实习生 Scott Zaari 和 Flavia Godoy，帮助我们采集数据并制作本文使用的表格。

关于兽医法定机构优势和不足的分析

M. Baussier

摘　要

本文描述相关的定义和任务时，参考法国等经验分析兽医法定机构的优点和缺点。

兽医法定机构的优势之一是享有官方地位，与政府主管部门合作，但又独立于政府主管部门，政府主管部门将一些特权授予兽医法定机构。兽医法定机构的独立性受法律保护，并因其财政独立而得到巩固。兽医法定机构的代表不是指定，而是由同行选举产生，这使得被选出的官员在代表行业发言时具有很高的合法性。

从全球范围来看，兽医法定机构的缺点之一是，相关国家立法的质量参差不齐。某些情况下，它们的管理权限涵盖所有的兽医，而另一些情况下，公共部门的兽医并不是兽医法定机构的成员，他们的活动也不包括在内。兽医法定机构的任务通常具有行政职能性（如注册或颁发执照）和司法职能性（如职业道德规范的执法权力），但很少涉及初级教育或持续职业发展。由于兽医法定机构的执法功能，使其管辖权得到承认，但实际执法手段往往相当薄弱甚至没有任何手段，以至于选出的官员（本身就是兽医）有时候会被指责缺少法律专业或法律程序方面的知识，或者表现出责任感不强以及做事不周密。

然而，所有这些缺点，如果被发现和确认，都是可以纠正的。

就实际考虑和成本效益而言，向兽医法定机构授权的制度对于国家来说是非常有用的。因此，必须在全世界范围内发展和加强兽医法定机构。OIE《陆生动物卫生法典》中经各成员表决通过的兽医法定机构标准为那些希望加强其兽医法定机构建设的 OIE 成员提供了宝贵的指导。

关键词

OIE 标准；兽医等级；兽医法定机构；OIE。

引　言

世界上大多数国家都有公共兽医机构。公共部门的兽医是公务员，由国家直接全权管辖。

在大多数国家，私人兽医也与公共兽医机构合作。私人兽医的组织化程度不一。当对私人兽医进行监管和组织时，私人兽医就组成了私营兽医机构。私营兽医机构受国家或国家授权的兽医法定机构（在法语国家称为专业协会，或专业团体）监督。

任何兽医（公共或私营部门）获得专业认证的先决条件是获得高水平执业资格（与欧洲受监管职业的概念一致）。此外，兽医在与客户打交道时，以信任为基础，在动物保护和卫生领域，甚至更重要的公共卫生领域均必须遵守最高的道德标准，这就要求他们至少要遵守一个有效法规。

兽医法定机构是一个负责组织及监管兽医和兽医辅助人员的机构。

法国的情况

法国拥有 6 500 万～7 000 万居民及同等数量的伴侣动物。相比之下，法国拥有 2 000 万头牛、900 万只羊和 1 500 万头猪。

法国的兽医机构（根据 OIE 相关概念从广义上讲）仅有不到 2 万名兽医：

-近 2 000 名公共部门兽医；

-近 18 000 名私营部门兽医（主要工作于私人诊所），其中大部分是法国兽医协会（*Ordre des Vétérinaires*）这一兽医法定机构的成员。

法律规定，兽医协会必须包括所有经认证有资格从事兽医工作的兽医和获得资格后正在执业的兽医（动物医学和外科学、兽药相关活动）。兽医协会组成了一个相对自主的实体，使其在一定程度上独立于国家。兽医协会由所在地的地区委员会兽医和最高委员会兽医（Conseil Supérieur de l'ordre des Vétérinaires，CSOV）作为代表，国家授权最高委员会管理兽医职业，特别是颁发执照和监管兽医诊所。国家还授权最高委员会确保兽医遵守其行为规范。

该行为规范是以国务委员会法令的形式依法颁布的，随着时间推移，根据兽医协会的提案或意见来制修订。

兽医协会没有义务维护兽医的物质利益，工会负责处理此类经济事务。

因此，兽医协会属于一个私营组织，由所有经授权从事兽医职业的兽医组成，并经法律授权在公共服务事务中行使国家权力。尽管兽医协会的自主权使其在一定程度上独立于国家，但该私营兽医机构与国家之间存在着密切的联系，因为兽医协会向国家提交正在评审的认证的情况，并酌情报告其采取的任何处罚。因此，可以说，作为真正的公私合作伙伴关系的一分子，兽医协会在职能部门的监督下执行国家所委派的任务。

加入兽医协会不同于加入学会。由于加入兽医协会是强制性的，因此兽医协会是一家以私营兽医机构为代表的法律实体。

法国的兽医协会由 20 个地区委员会组成，每个地区委员会由当地同行选出 6～14 名兽医组成。最高委员会的 12 名成员由地区委员会成员选举产生（共 184 张选举票）。兽医协会所有委员会的一半成员每 3 年可连任一次，最长任期为 6 年。每个地区委员会选出一个执行委员会，由主席、副主席、秘书和财务主管组成。最高委员会负责协调各地区委员会的活动。每个地区委员会下设一个纪律处分委员会，依法调查对兽医的投诉，并可以对违反行为规范的兽医进行处罚。

兽医协会的会员年费由最高委员会确定，最高委员会还决定划拨给各地区委员会的经费。

在法国，习惯上将兽医协会的作用和职能分为五类：

1. 行政管理
2. 监管
3. 惩戒

4. 社交
5. 代表

兽医法定机构的弱点

受兽医法定机构监督下的专业人员的范围大小可能是其优点或弱点的一个来源。

由于兽医法定机构属于行政部门，其会员资格可能会受到公开质疑。这取决于它们在国家内部的作用和职能。

兽医法定机构通常由私人兽医组成，特别是从事动物和公共卫生活动的兽医，这就是兽医法定机构最起作用的领域。

OIE 建议兽医辅助人员应由兽医法定机构监督。兽医法定机构的一个潜在弱点可能是缺乏监督。

兽医法定机构的职责范围可能只包括行政监督（核实兽医执业资格或向兽医颁发执照）。在某些情况下，兽医法定机构仅负责道德和职业行为规范的执法，换言之承担纪律处分角色。

虽然有些兽医法定机构会参与兽医培训工作，但通常情况并非如此。兽医法定机构往往很少或根本没有参与兽医初级教育，而是更多地参与兽医继续教育（目前较受欢迎的术语是"持续职业发展"）。兽医法定机构的委员会需要在更大范围内审核和评估专业实践，包括技术方面。

兽医法定机构的弱点可能源于其职责范围有限，或由于涉及的专业人员范围过于狭窄。

虽然将任务和权力委托给当选的执业专业人员是一种优势，因为它使得行政或处罚机构可利用专业人员的专业知识，但当选的兽医（以及这种形式的职业监督）被批评缺乏法律专业和法律程序方面的知识。

兽医法定机构的代表或执法机构也可能受到诱惑而越权。这可能因丧失信誉而引起争议，也构成一个弱点。

兽医法定机构的优点

兽医法定机构是根据国家法律设定的，因此它是合法的，拥有很大的权力。这意味着它是在国家的授权下作为官方机构履行职责，使其拥有不可否认的独立于国家的自主权。它是一个自主的主管部门。兽医法定机构既独立于国家，又与国家有着特殊的关系。

这种地位有可能在国家间贸易中保证动物卫生认证的独立性，并给予买家信心。

兽医法定机构的优点在于兽医有义务加入兽医法定机构（必须在兽医协会注册），这使得兽医法定机构拥有无可置疑的权力：成员人数。

此外，兽医法定机构的优势和独立性还源于其财政独立（它们因为强制性出资具有充足的财力）。

兽医法定机构不仅独立于国家，而且还独立于兽医的客户和供应商。

兽医法定机构的所有或大多数成员都是通过选举产生的，确保了其代表性，这是活动合法性的来源，更是一种优势。

兽医法定机构的另一个优势是，它可以借鉴机构内兽医的专业知识。这对于行政决策是很有用，可能对于法律处罚程序更是如此。

结　论

在过去的几十年里，世界上大多数国家都渴望将合格的、熟练的、严格遵守道德标准的专业人员组织起来，形成独立开展专业性监管活动的监管和组织机构，这意味着它满足了一种需求，甚至是一种需要。

对于私营兽医机构来说，兽医法定机构为主管部门提供了一个平衡的解决方案，因为它具有成本效益，对于政府和私人用户，即兽医的客户来说，无疑是最好的体系。对于社会而言，它是一个有效且低成本的体系。

它无疑是保持兽医服务的质量、维护和促进国家和公众对兽医信任的最佳体系。

兽医法定机构是良好兽医管理的基石。

泰国兽医法定机构、兽医机构和兽医协会之间的关系

P. Ratanakorn，W. Moonarmart & G. Urkasemsin

摘　要

随着兽医学的全球化、世界的数字化互联以及兽医在“同一健康”模式中的作用越来越明显，兽医法定机构、兽医机构和兽医协会之间必须建立稳固的关系。

全球对于兽医标准化的压力、需要和要求越来越大，而兽医法定机构应对这一过程进行监督。

兽医法定机构作为监管力量，应强制要求兽医及其协会、兽医院校和服务机构遵循地区性和全球性标准。

兽医法定机构应监管、认可和推广这些标准，例如为兽医颁发执照和注册，鼓励兽医院校的学术要求达到全球标准，鼓励兽医研究生参与临床和研究培训以及与人类卫生组织合作。这些活动将为兽医协会达到既定目标提供基础。

在兽医法定机构的指导和愿景下，各兽医协会和兽医机构可以规划其未来的目标并改进，以促进兽医领域的进步。这将使兽医专业在地区和全球范围内维持诚信。各协会可与服务领域的所有兽医和非兽医人员相互沟通，并提供教学培训、监管及关于新领域和新趋势的咨询。

三者之间的关系应该是一个动态系统，兽医法定机构通过兽医协会向兽医机构提供信息和指导，并通过同一渠道获得反馈。这就形成了一个不断适应的创新反馈闭环。

关 键 词

同一健康；兽医协会；兽医机构；兽医法定机构。

泰国兽医教育的历史

1912 年，泰国的第一所兽医学校在骑兵部队成立，并被命名为“Assawaphat Thahanbok”，意为是“泰国皇家军队马匹兽医”学校。兽医专业的发展可以追溯到一个事件。1911 年，国王的孙子 Momchao（M. C. ）Thongtheekayu Thongyai 少尉，在俄国完成骑兵训练后回到泰国皇家军队工作。由于没有兽医负责骑兵队中马匹、大象和牛的卫生和福利问题，他遇到了困难。其间，都是由几名军官根据泰国的传统医学知识负责所有动物的护理和治疗工作。于是，他向军队提出了建立“军士动物护理培训学校”的要求，目的是培养具有动物饲养和治疗能力的兽医。他还编写了一本名为《马的疾病与护理》的教科书，这是第一本泰语兽医教科书。因此，M. C. Thongtheekayu Thongyai 被认为是“泰国兽医之父”。

1914—1931 年期间，泰国农业部聘请美国兽医作为顾问，负责在泰国培训兽医。这是

建立兽医学校的第一步。升迁之后，M. C. Thongyai大将军和一些其他军官在朱拉隆功大学文理学院内成立了兽医科学部，这是一个独立的部门。因此，1935年标志着泰国兽医行业的设立。第一批就读兽医科学部的学生与医科学生一起开始了为期2年的课程，涵盖兽医预科学习。然后，兽医专业学生参加为期2年的课程，旨在学习兽医的各个方面。因此，课程总共4年。农业部农业和渔业局畜牧科科长Luang Chai-Assawarak少尉被任命为兽医科学部主任。Luang Chai-Assawarak少尉邀请农业部的政府官员和海外讲师对兽医专业学生进行授课。

1942年，各系、部改组后成立了医科大学。兽医科学部也被转入医科大学，Luang Chai-Assawarak少尉担任兽医科学系的第一任系主任。1954年，根据政府共同提高畜牧业与兽医学的战略，兽医科学系又转入泰国农业大学（卡塞萨大学）。兽医专业学生与畜牧专业的学生先在卡塞萨大学参加2年的课程，然后在朱拉隆功大学的兽医科学系参加2年的兽医课程。1959年，兽医科学系从卡塞萨大学迁出，由总理府管理。随后，1967年通过了一项法案，要求将卡塞萨大学的人力资源和财产转移到朱拉隆功大学。因此，两个兽医学院——卡塞萨大学兽医学院和朱拉隆功大学兽医科学院被独立管理。然而，这两个学院在1972年之前始终由总理府管理，随后移交给大学事务部。在泰国，兽医教育起初仅有一个学院，随后在25年内增加到6个学院，统一由大学事务部管理。

1988年，大学事务部进行了一项研究，预测了未来15年对兽医的需求，认为兽医人员不足。这推动了大学建立兽医系。事实上，这种需求已经得到了部分认可。1986年，在泰国东北部成立了孔敬大学兽医系。随后，1992年，成立了泰国第一所私立兽医学院——马汉科理工大学兽医学院。1994年，泰国北部的清迈大学成立了兽医学院。1997年，成立了玛希隆大学兽医学院。共有4个学院位于曼谷和大都市区，2个学院位于其他地区。

1995年，召开了审议泰国兽医教育需求的第一次会议，修改了基础科学与临床前和临床学习的方法，从2∶2∶2年制改为1∶2∶3年制，并将学分从220分增加到240分。这样做的目的是为了增加临床学习的年限。至今各院系均采用这种课程结构。在推行新的临床兽医学博士（DVM）课程结构的同时，大部分兽医院系也逐步开设了理学硕士和哲学博士（PhD）研究生课程。这些都满足了兽医研究的需要，但并没有提供专业化的基础。一些学院在兽医教学医院设立了实习培训项目，特别是在小动物方面，以满足临床兽医专业的需求。

第二次兽医教育会议于2001年召开。会议鼓励各学院改进课程设置和学习方法，为学生提供更好的教学方法。第三次兽医教育会议于2008年召开，会议宗旨是跟进第二次会议的成果，提出建议并启动新的任务，包括：

-构建国家考试体系；

-DAY 1毕业生工作能力准备；

-加强本科生和研究生院系之间的网络联系；

-建立住院医师项目；

-构建强制性的兽医教学医院标准化体系，包括审计制度。

泰国的兽医机构：从过去到现在

根据 OIE 的定义，泰国的兽医机构涵盖了兽医专业的公共和私营部门。兽医毕业后，可以从事多个领域的工作，但始终负责改善动物卫生、动物福利、兽医公共卫生和食品安全。从过去到现在，衡量兽医职业成功的标准可以概括为：

-改善伴侣动物和牲畜的卫生和福利；

-规范食品安全和兽医公共卫生目标和活动，为国内消费者提供安全的食品，并促进出口；

-提高畜牧业生产和水产养殖业的生产力；

-将新技术和新科学知识引入各方面。

这反映了合格兽医对于许多机构的重要性，包括成立于 1914 年的家畜发展部。家畜发展部是泰国兽医服务的主要提供者。除了提供兽医教育外，它几乎管理着上述各个方面。除了家畜发展部之外，兽医机构也是泰国皇家军队、内政部、曼谷市政府、商业性农业和食品生产行业、制药业、动物学收藏和国家公园、野生动物和植物保护部的组成部分。此外，兽医在“同一健康”理念下，为人类、动物和环境卫生做出了重要贡献。

联盟协会的历史

1947 年，由国王陛下赞助的泰国兽医协会由一批资深兽医发起，他们都认为有必要在许多服务领域建立兽医之间的凝聚力。后来，在 1948 年，泰国兽医协会制定了宗旨，支持泰国的兽医执业，并协调和加强兽医执业发展，但不积极参与政治。目前，泰国兽医协会专注于兽医参与畜牧业。

另一个专业协会是泰国兽医从业人员协会。该协会成立于 1970 年，其宗旨是协调和加强兽医职业发展，但不积极参与政治。泰国兽医从业人员协会的主要成就是为从事伴侣动物工作的兽医提供继续教育（www. vpathai. org)。这两个协会都是以其会员的利益为根本。

泰国兽医委员会的历史

泰国《兽医法》于 2002 年 4 月 12 日首次颁布。泰国兽医委员会于 2002 年 9 月 9 日成立。兽医委员会是泰国的兽医法定机构。其宗旨是：

-管控兽医职业实践；

-监管兽医从业人员的行为和操作；

-促进兽医专业的学习、研究和实践；

-促进团结，维护会员的荣誉；

-向会员（包括公众和与兽医执业相关的其他组织）提供与兽医专业有关的协助、建议，以及宣传和提供技术服务；

-就兽医执业的政策和问题向政府提供意见或建议；

-代表泰国兽医专业和从业人员；

-维护公义和提高会员的福利；

-从事部级条例中规定的其他活动。

兽医委员会的权力和职责是：

-接受兽医从业人员的注册并向其颁发执照；

-为申请加入不同机构，认证兽医职业的学位、文凭、证书、认可证书或资格证书；

-作为不同机构兽医专业各学科的专家，批准各种兽医培训课程；

-认可开展兽医培训课程的机构的学术地位；

-出具核准函或颁发证明具备兽医专业各学科执业知识和专长的资格证书，并颁发证明兽医职业其他资格的证书；

-根据泰国兽医理事会的宗旨履行职责。

兽医委员会董事会由以下成员组成：

(1) 当然成员（依据职权自然成为的委员），即：家畜发展部的厅长；国立大学和根据私立大学管理法设立的私立大学的兽医系主任；泰国兽医从业人员协会主席；以及国王陛下赞助下的泰国兽医协会的主席。

(2) 董事会成员包括国防部、内政部、公共卫生和渔业部的一名代表；家畜发展部的一名代表；以及曼谷市政府的一名代表。

(3) 董事会成员从会员中选举产生，其人数相当于每次选举时 (1) 和 (2) 中董事会成员人数的总和。

大家都清楚地知道，兽医委员会支持兽医职业的所有活动。随着地区及全球对兽医规范化的需求，各专业协会需要与兽医机构的所有兽医和非兽医工作人员相互沟通，并提供教育培训、监管及关于新兴议题和趋势的咨询。兽医法定机构应提供广阔的视野和深思熟虑的策略，以指导专业协会、服务机构和兽医学校，使他们能够确定和实现自己的目标，满足或超越全球标准。要做到这一点，可以鼓励兽医临床和研究方面的研究生培训、与人类卫生组织的合作，并制定兽医的执照颁发和注册标准。以此为基础，可以实现兽医职业的目标导向的成就。各个机构之间的关系应该是灵活的，这样可以根据社会的需要，经过评估和反馈后，迅速改进。

目前，世界上有 76 个国家设有兽医学校。因此，兽医职业已经成为一个全球性职业。此外，新数字技术的发展以及全球连接及联网国家的增多，带来了不同学术机构之间以及动物和人类卫生科学领域之间相互连通的新时代。这种相互连通促成了“同一健康”模式的产生。“同一健康”理念认为，在我们的日常生活中，通过不同层面上人与动物的联系，使动物卫生、人类健康和生态系统健康密不可分地连接在一起。“同一健康”的最终使命是通过加强兽医、医生和其他学科专业人员在健康和环境领域的合作和协作，促进、改善和保障世界上所有物种的健康和福祉。在泰国，“同一健康”的愿景可以通过泰国兽医学校的联合教育努力来实现，这种努力必须建立在兽医法定机构、兽医机构和兽医协会之间牢固和积极的合作关系基础上。

非洲的兽医法定机构

P. Bastiaensen，Z. Rhissa，M. A. Avong，R. Moerane，T. Ponella-Mlelwa，
W. Asfawa，R. Bouguedour & W. Masiga

摘　　要

在非洲的 52 个 OIE 成员中，不超过 37 个国家设立了正式的兽医法定机构，这些机构完全符合或者部分符合 OIE《陆生动物卫生法典》第 3.2.12 条标准。其余国家由于各种原因，有的正在建立，有的无法建立，也有的可以预见没有能力建立这种机构。大多数非洲国家确实有专业协会（普通兽医协会、小动物从业人员和兽医护士协会）。根据 OIE 的定义，这些协会不具有兽医法定机构的作用和职能。然而，在没有兽医法定机构的国家，这些协会可以履行一些相关的职能，如保存其成员的登记册，并通过出台标准的方式制定行为规范来衡量和处理成员的行为。

本文的研究结果基于 2006 年以来在非洲开展的兽医机构效能评估工作情况，以及对兽医法定机构、兽医协会和兽医主管部门代表的在线调查分析。

非洲大多数的兽医法定机构没有监管兽医教育的质量或制定兽医教育的最低标准，工作范围也不涉及兽医辅助人员。它们的职责范围通常仅限于监管私营和公共部门兽医的专业活动。

这些不足归因于非洲兽医服务的三个基本特征：（a）资源相对匮乏，兽医法定机构难以获得所需的财政收入；（b）兽医职业主要是由公共服务演变而来的和/或仍以公共服务为主；（c）利益相关者的认识不足。高效的兽医管理机构要求有法治、民主和国家三权分立制度的严格执行，而当时的非洲并非都能做到这一点。

作者得出结论，虽然在过去几十年里取得了进展，但还需要做更多的工作：（a）继续提高对兽医机构良好管理要求的普遍认识；（b）在尚未设立兽医法定机构的国家设立兽医法定机构；（c）其他国家更好地遵守 OIE 标准的要求；（d）加强兽医法定机构与兽医教育机构之间的联系，以加强兽医法定机构在未来几年对高素质专业人员供需情况的控制。

关 键 词

非洲；遵守；兽医机构效能评估；调查；结对；兽医协会；兽医教育；兽医辅助人员；兽医法定机构。

引　　言

自从非洲从殖民统治中独立以来，立法者一直未对非洲是否应该设立兽医法定机构或兽医委员会的请示进行彻底研究。随着有关兽医机构质量的国际标准越来越多地被纳入国家立

法中，兽医法定机构也越发受到公众和利益相关者的监督。当前，任何兽医法定机构都应该能证明其有能力和权力，在适当法律的支持下，对所有兽医和兽医辅助人员行使管制措施。这些管制措施应包括：强制颁发执照或注册，参与确定最低教育标准（基础和继续教育），以便主管部门承认学位、文凭和证书，制定职业行为和能力标准，调查投诉和执行惩戒程序。此外，兽医法定机构应该能够证明其自主性，不受不正当政治和商业利益的干扰，并在适用的情况下，执行地区性协议，承认兽医和兽医辅助人员的学位、文凭和证书（《陆生动物卫生法典》第 3.2.12 条关于兽医法定机构的评估）。随着跨国组织和地区联盟、协会和利益集团为了应对兽医法定机构的要求，而越来越多地追求地区范围内的协调及遵守国际标准，评估结论也变得更加重要。OIE 自 2006 年起将兽医法定机构纳入其标准化的兽医机构效能评估指标（关键能力Ⅲ-5），目前已掌握了非洲和世界各地兽医法定机构“发展水平”（根据对国际标准的符合程度，分为 1～5 级）的重要信息。

材料与方法

本研究成果基于两个来源：2013 年 7 月和 8 月对非洲兽医理事会、兽医协会和首席兽医官等代表所作调查；对兽医机构效能评估报告的结果和兽医机构效能（兽医法定机构关键能力Ⅲ-5）差距进行的分析。

非洲的调查采用了作者在 eSurveyPro（www. esurveypro. com）平台上开发的在线调查表。问卷包含 35 个多选题，有法语和英语两种版本。向 OIE 非洲网站（www. rr-africa. oie. int/en/RC/en _vsbs. html）上所载的兽医法定机构主席和注册官、世界兽医协会网站（www. worldvet. org/about. php?sp＝members）上所载的兽医协会代表以及 OIE 非洲网站（www. rr-africa. oie. int/en/RC/en _delegates. html）上所载的 OIE 代表（首席兽医官）发出了填写问卷的邀请。数据收集的时间为 7 周，每 2 周向未答复的调查对象发出一次提醒函。所收集的数据部分由 eSurveyPro 的嵌入式数据分析工具进行分析，部分通过使用导出的 Microsoft Excel 2010 电子表格进行分析。

使用一个简单的 Microsoft Excel 2010 电子表格对兽医机构效能评估报告进行了分析。

本文中提供的大多数数据都是匿名的，因为有几份兽医机构效能评估报告尚未在公共领域发布。此外，本文的目的是提供对非洲兽医法定机构优点和弱点的一般见解，而不是针对非洲的特定国家或次区域。

结　果

在联合国承认的 54 个非洲国家（2013 年）中，共有 45 个国家（83%）的 47 名调查对象提交了完整的调查问卷。在这 54 个国家中，有 52 个国家在 2013 年已经是 OIE 成员。布隆迪、吉布提、赤道几内亚、厄立特里亚、利比里亚、马拉维、塞内加尔、塞拉利昂和索马里共 9 个国家，没有提交调查问卷。在这些国家中，只有塞内加尔有兽医法定机构（根据兽医机构效能评估报告）。因此，各国的参与率为 83%，兽医法定机构的参与率为 97%；OIE 非洲成员中有 67%的国家设有兽医法定机构。

大多数调查问卷由兽医法定机构的主席或注册官完成（各占 35%），在没有设立兽医法定机构的国家，由兽医协会的主席或首席执行官（24%）或首席兽医官/OIE 代表（6%）完成（图 1）。

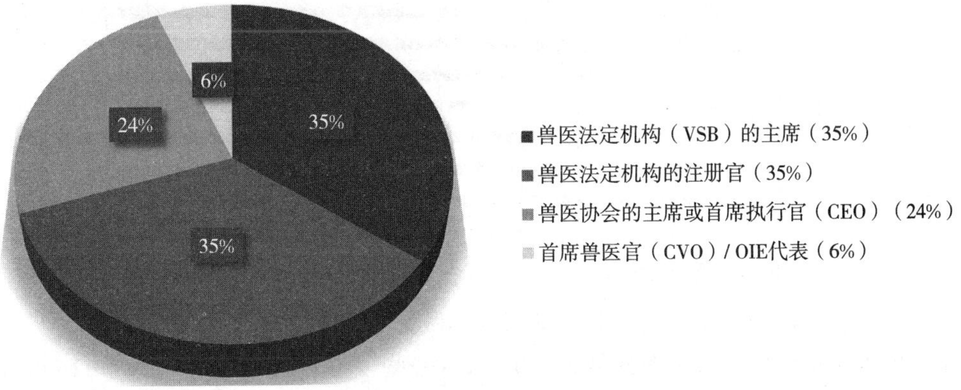

图 1　在线调查的信息来源

在提交调查问卷的国家中，84％的国家有立法规定设立兽医法定机构，78％的国家已经设立了兽医法定机构，无论该机构是否符合 OIE 的兽医机构质量标准（《陆生法典》第 3.2.12 条）。73％的国家至少有 1 个正式的兽医协会，42％的国家至少有 1 个兽医辅助人员协会。在绝大多数国家，兽医法定机构被称为兽医理事会或兽医委员会，但也有一些国家的兽医法定机构虽然是根据法律和 OIE 标准正式成立的，但仍被称为协会。在埃及，兽医理事会和兽医机构管理部门合并为兽医服务总机构，该机构仅负责公共兽医注册。

非洲历史最悠久的兽医法定机构是成立于 1952 年的尼日利亚兽医委员会。图 2 为自 1952 年以来设立的兽医法定机构。

图 2　自 1952 年设立尼日利亚兽医委员会以来，非洲累计设立的兽医法定机构的数量

只有 31％的兽医法定机构有官方网站。

在设有兽医法定机构的国家，兽医法定机构为图 3 所示类别的兽医毕业生颁发执照（有些调查对象没有回答这个问题，因此，最大值不是 100％）。兽医法定机构仅向私人兽医颁发执照。

对于兽医辅助人员，57％的兽医法定机构不能对该类别的专业人员进行注册。对于能对兽医辅助人员进行注册的兽医法定机构，其注册的兽医辅助人员的类别如图 4 所示。

值得注意的是，在能对兽医辅助人员注册的兽医法定机构中，有 29％将社区动物卫生

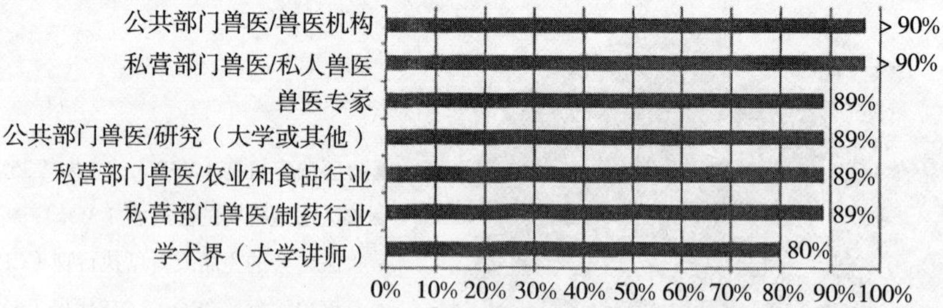

图 3　经非洲兽医法定机构授予执照的兽医类别（降序排列）

工作人员纳入兽医辅助人员。共有 5 个国家这样做。

非洲兽医法定机构的会员规模从 13～15 人（一些很小的国家）到 6 000～11 000 人（人口最多的国家，即尼日利亚和埃及）不等。

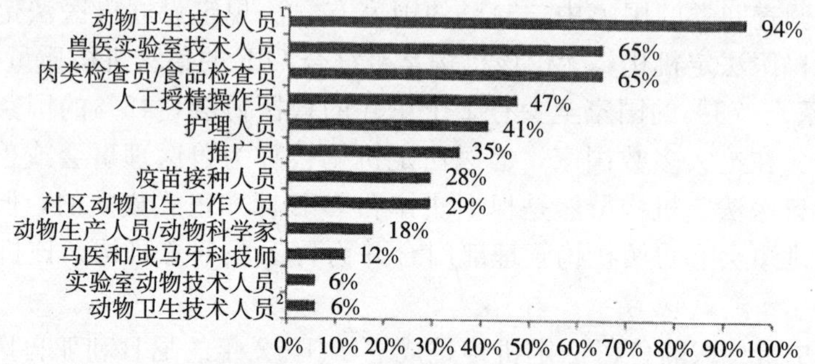

图 4　经非洲兽医法定机构授予执照的兽医辅助人员类别（降序排列）

通常，兽医法定机构的会员包括 46％的私人兽医、19％的公共兽医、11％的兽医学术人员、7％的兽医研究人员和 1％的“其他人员”，如退休兽医、议员等。这解释了注册兽医的百分比有时大于国内执业兽医的百分比（平均 89％）。

在评估兽医法定机构是否符合 OIE《陆生动物卫生法典》第 3.2 章国际标准的主要内容时，非洲的兽医法定机构似乎很少承担兽医法定机构的三项主要工作：

(a) 对从事兽医学/科学活动的兽医和兽医辅助人员进行注册或向其颁发执照；

(b) 维持学历、文凭和证书所需的最低教育标准（基础和继续教育），使其持有者有权注册为兽医和兽医辅助人员或被授予执照；

(c) 制定兽医和兽医辅助人员的执业和能力标准，并确保这些标准得到遵守（图 5）。

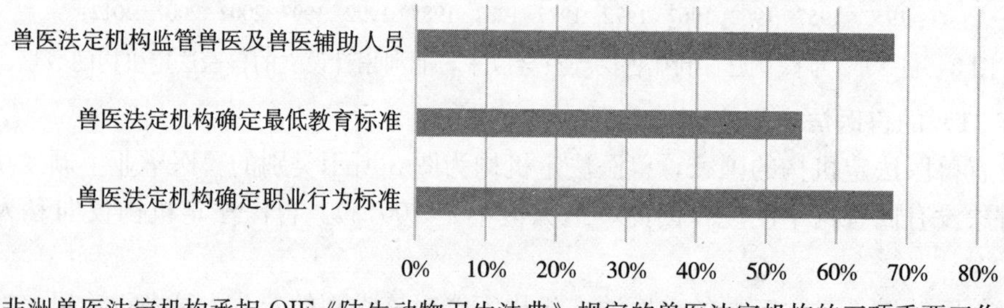

图 5　非洲兽医法定机构承担 OIE《陆生动物卫生法典》规定的兽医法定机构的三项重要工作的情况

总的来说，非洲只有 15 个兽医法定机构满足所有三项要求（43％的调查对象来自设有兽医法定机构的国家）。

不符合（a）项要求的唯一原因是，兽医法定机构不能对兽医辅助人员进行注册。不符合（b）项要求的主要原因是该国没有本土兽医培训项目（即没有国家兽医学校或科学院）。

非洲平均每个国家有 1.3 所兽医学校或科学院能提供兽医大学学历，4.2 所学校或科学院能提供动物卫生方面的大学以下学历/文凭培训，如兽医护理学校。

OIE 标准还规定，设立兽医法定机构的法规应明确界定：（a）选举人和任期；（b）成员的资格要求。同时满足两项要求的百分比为 77%。不符合要求的情况往往与缺乏“不受不正当政治和商业利益干扰的自主性”有关。例如，当兽医法定机构的主席由职能部门指定（17%）或由兽医机构主任担任（6%；图 6）时，就会出现这种情况。

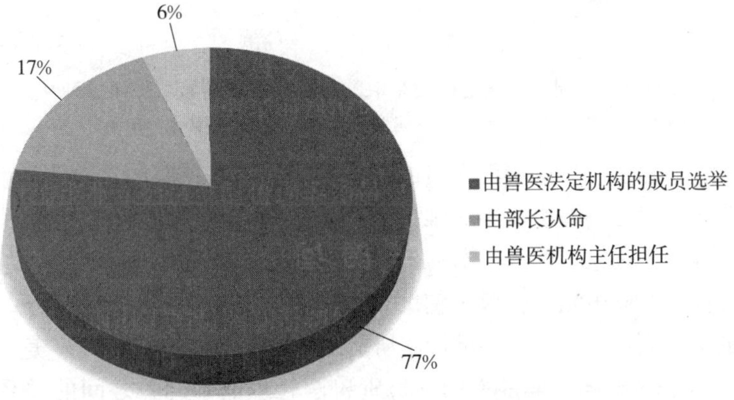

图 6　选举或任命兽医法定机构主席的三种方式

图 7 为兽医法定机构管理部门成员的详细情况。

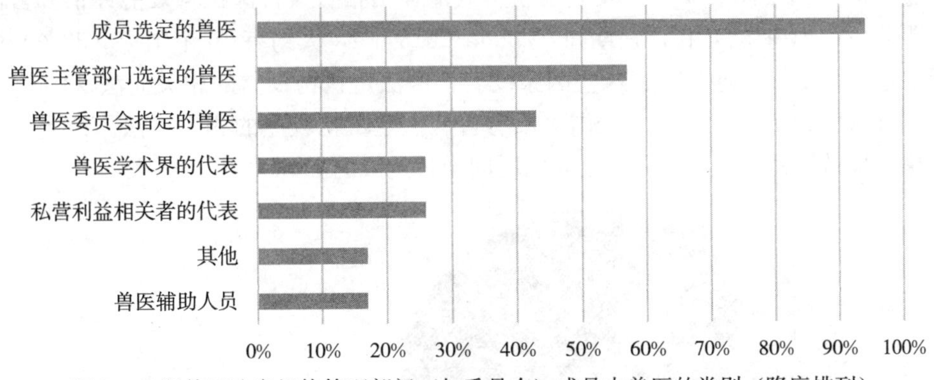

图 7　非洲兽医法定机构管理部门（如委员会）成员中兽医的类别（降序排列）

符合 OIE 国际标准和最佳操作实践的其他指标是：任期和选举的间隔时间。调查发现，大多数兽医法定机构在其章程中规定了选举的间隔时间（91%），并任命了一个理事会或委员会，任期为 3 年（平均 3.3 年，最少 2 年，最多 5 年）。然而，一些兽医法定机构的最后一次选举是在 15 年之前（1998 年）。平均看，最近一次选举是在 2.9 年之前举行的。最近一次向成员提交财务报告的时间平均为 19 个月之前。

从兽医法定机构参与惩罚性或纠正性措施的案例数目可以看出兽医法定机构依法充分行

使其权力的意愿普遍偏低。如图 8 所示，在过去 12 个月，只有不到 50%的兽医法定机构就其成员的执业失德展开（一次或多次）调查，只有 4 个兽医法定机构对成员不当行为做出处罚（11%）。

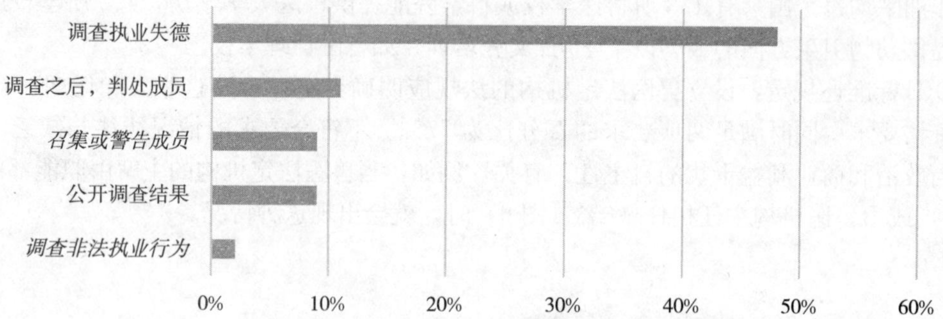

图 8　非洲兽医法定机构采取的纠正或惩罚措施（降序排列）
斜体字体是参与调查者建议的其他措施（在“其他”项下）

另外，还调查了兽医和兽医辅助人员的注册费用。国内兽医的首次注册费用平均为 46 美元，外国兽医为 161 美元。平均每年的维持注册费用为 62 美元，有时对退休兽医或私人兽医收取特别费用。在一些国家，兽医根本不需要支付维持注册费用，而在另一些国家，每年的维持注册费用可能高达 280 美元。就兽医辅助人员而言，平均注册费用为 30～35 美元不等，视兽医辅助人员的类别而定，而每年的维持注册费用平均为 19 美元（0～60 美元不等）。

当被问及兽医法定机构与职能部门（负责兽医管理的部门）之间的关系（开放性问题）时，大多数调查对象强调兽医法定机构独立于政府（无论是业务还是财务），并认为职能部门是兽医理事会中众多平行机构之一。其他调查对象提到了职能部门提供的财政支持，并声称职能部门参与决策过程，例如，由部门主管确认或批准兽医法定机构做出的决定。

通过分析 49 个国家（91%）的兽医机构效能评估报告（兽医机构效能评估和兽医机构效能差距分析，如适用），在评估期间（2006—2013 年），大约有 16 个国家（33%）的兽医机构发展水平为 1 级，这意味着这些国家没有兽医法定机构设立的相关立法（图 9）。根据作者的调查（2013 年），只有 15 个国家没有兽医法定机构设立的相关立法。该差异可能是由于兽医机构效能评估和报告分析之间的时间推移造成的。

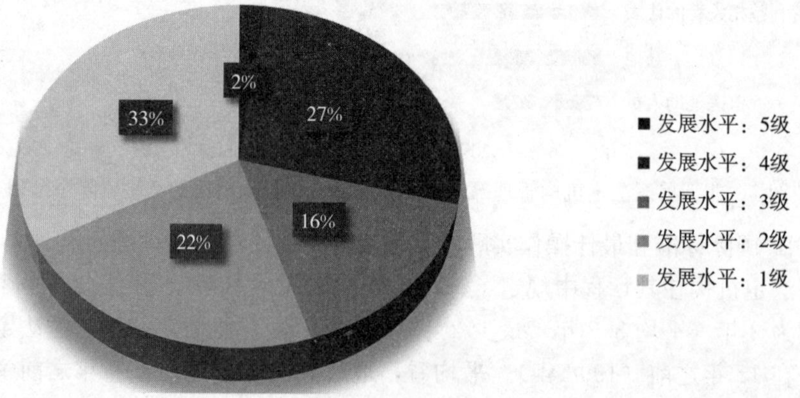

图 9　与国际标准相比，根据 49 份兽医机构效能评估报告得出
的非洲兽医法定机构的发展水平（根据符合国际标准的程度，分为 1～5 级）

11 个国家（22%）被归入 2 级，即“兽医法定机构仅负责监管特定兽医机构内的兽医和/或不能系统地采取纪律措施”。根据早期版本的兽医机构效能评估工具，这也可能意味着“有兽医法定机构，但无法定权力做出决策或采取纪律措施”。

8 个国家（16%）被归入 3 级，即“兽医法定机构负责监管所有相关兽医机构内的兽医，并能系统地采取纪律措施”。根据早期版本的兽医机构效能评估工具，这也可能意味着“兽医法定机构仅负责监管特定兽医机构内的兽医和兽医辅助人员（如公共部门，而不是私营部门的兽医人员）”。

最后，有 14 个国家（29%）被评为 4 级（13 个），甚至 5 级（1 个），这意味着（至少）兽医法定机构根据需要监管所有相关机构的兽医和兽医辅助人员的职能和能力。

讨　论

在 OIE 的 52 个非洲成员中，有 36 个国家（69%）设立了正式的兽医法定机构，这些机构完全符合或部分符合 OIE《陆生动物卫生法典》（第 3.2.12 条）中所列的标准。其余国家由于各种原因，正在建立、没有设法建立或者预见没有能力建立兽医法定机构。这一结论反映在对兽医机构效能评估报告的分析中，16 个国家没有设立正常运营的兽医法定机构。

33 个非洲国家有（至少一个）专业协会。根据 OIE 的定义，这些协会不具备与兽医法定机构相同的作用和职能。然而，在没有兽医法定机构的国家，这些协会可以履行一些相关的职能，如保存其成员的登记册，并通过制定行为规范来衡量和处理成员的行为，从而制定行业标准。

兽医法定机构对 OIE 标准的遵循程度普遍偏低（43%），主要原因是兽医法定机构没有规定兽医课程的最低标准，其次是因为没有对兽医辅助人员进行注册和/或出现不当行为时没有采取纠正措施。在设有兽医教育机构的国家，兽医一般由作为行政部门的兽医法定机构进行认证，尽管也有一些例外。遵守行政程序则很少导致客户投诉和上诉（即使法律对此做出规定）。

根据颁发执照的数量和每年的维持注册费用，兽医法定机构的年度预算从每年 75 美元到近 80 万美元不等，这可能解释了为什么一些兽医法定机构强调其财政独立，不受外界影响和主管部门的支配，但是有一些兽医法定机构则强调其业务非常依赖于政府支持，如安哥拉和摩洛哥。此外，许多调查对象承认，兽医法定机构做出的决定必须得到职能部门的批准、确认或认可才能执行，如喀麦隆的私人兽医诊所认证。在一些国家，兽医法定机构基本上是兽医主管部门或职能部门管辖下的政府机构，兽医法定机构的主席由兽医主管部门的首席兽医官或主任担任。

在尚未设立兽医法定机构的国家和尚未注册兽医和/或兽医辅助人员的国家，大多数调查对象认为立法审批的延误是主要问题。还需要指出的是，其他部门的区域一体化倡议似乎并没有涉及兽医法定机构。只有布基纳法索提到在整个西非经济货币联盟统一与兽医理事会有关的立法。大多数调查国家（63%）表示，与邻国的兽医法定机构不存在任何形式的沟通。然而，在可预见的未来，随着整个非洲市场的形成，大多数国家将不得不为兽医和兽医辅助人员开放国界。

结　论

非洲兽医服务的三个基本特点：(a) 资源相对缺乏，使兽医法定机构难以实现所需的财政收入；(b) 兽医职业主要是由公共服务演变而来的和/或仍以公共服务为主；(c) 利益相关者的认识不足。这些都解释了本文所述的兽医机构不足之处。高效的兽医管理机构要求有法治、民主和国家三权分立制度的严格执行，而在非洲并非处处都能做到这一点。

虽然在过去几十年里取得了一定进展，但还需要做更多的工作：(a) 继续提高对兽医机构良好管理要求的普遍认识；(b) 在尚未设立兽医法定机构的国家设立兽医法定机构；(c) 在其他国家更好地遵守 OIE 标准；(d) 加强兽医法定机构与兽医教育机构之间的联系，以加强兽医法定机构在未来几年对高素质专业人员供需情况的控制。

在这方面，区域协调和统一至关重要。遗憾的是，迄今为止，非洲还没有兽医法定机构的统一组织或联盟，在地区层面上也没有这样的机构。在 OIE 等机构的支持下，非洲一些地区的兽医教育机构已经开始在基础核心课程、继续教育和课程创新方面进行区域协调，并将这些国家的兽医法定机构视为（主要）利益相关者的一部分，使它们参与区域协调。目前，非洲南部和东部兽医教育机构协会和地中海兽医教育机构网络就是这种情况。OIE 关于 DAY 1 毕业生工作能力的建议和 OIE 关于兽医教育核心课程的指南被用作参考文件，一些兽医教育机构也已考虑在 OIE 的推动下与其他兽医教育机构签订结对协议。同样，希望与其他兽医法定机构签订结对协议的非洲兽医法定机构，在不久也可以采用结对协议的形式。

致　谢

作者感谢所有 47 个调查对象对本次调查的支持，并感谢 OIE 区域活动部的工作人员，特别是 Marie Edan 和 Maud Carron 博士，他们为作者提供了关于非洲兽医法定机构效能评估的必要数据，感谢 Sarah Kahn 博士对手稿进行了建设性审查，感谢 Lina Awada 博士提供的地图资料（使用 ArcView 软件生成）。

美洲的兽医法定机构

F. E. Peralta

摘　要

OIE 将兽医法定机构界定为制定兽医和兽医辅助人员管理条例的部门。兽医法定机构是确保良好兽医机构管理的基石，必须是独立的，并负责监督每个国家兽医的质量和执业行为，并通过制定符合国家立法的教育（包括基础教育和继续教育）标准，确保兽医专业的卓越性，并对不遵守兽医执业要求的人员采取纪律措施。它们还与兽医教育机构、兽医机构和有关兽医组织密切合作，对兽医和兽医辅助人员的注册、授权和资格进行监管。OIE 为其成员提供兽医机构效能提升程序，旨在培养兽医能力，包括在动物卫生、动物福利、兽医立法和教育领域的能力。它还努力通过设立新的兽医法定机构或改进现有的兽医法定机构并与成员、国家兽医教育机构人员和区域及国际机构合作，加强兽医教育和管理，以提高兽医培训的质量，并推行资格认证的统一方法，特别是通过与兽医法定机构合作。美洲设立有兽医法定机构，并在法律上被公认为联合会、学院或协会的国家有阿根廷、智利、巴西、秘鲁、哥伦比亚、委内瑞拉、哥斯达黎加、洪都拉斯、危地马拉、多米尼加共和国、墨西哥、美国和加拿大。这些国家提到了对兽医和畜牧业专业人员的监管，但不涉及兽医辅助人员。乌拉圭、巴拉圭、玻利维亚、尼加拉瓜、伯利兹、古巴和巴拿马等其他国家，都有兽医专业人员协会。虽然这些协会具有与兽医执业相关的工作职能，但它们的作用与兽医法定机构不同。特别是，这些协会不具有做出决定或执行纪律措施的法定权力，因此，有必要将这些机构与 OIE 所定义的兽医法定机构区分开来。

关键词

美洲；兽医执业行为；兽医机构效能提升程序；兽医教育机构；兽医辅助人员；兽医专业人员；兽医法定机构（VSB）。

OIE 将兽医法定机构界定为制定兽医和兽医辅助人员管理条例的独立部门。OIE 建议，兽医专业毕业生应获得兽医法定机构颁发的执业执照。兽医专业毕业生应具备确保国家兽医机构质量所需的最低限度的基本知识、技能、态度和能力。他们的学习目标包括理解兽医法定机构的定义。

OIE 承认，尚未设立兽医法定机构的成员有必要设立独立的兽医法定机构，以监督国内兽医的素质和执业行为。有权力的兽医法定机构通过制定兽医基础教育和继续教育的标准以及对违反兽医专业要求的人员采取纪律措施，确保兽医专业的卓越性。为改善全球兽医管理，兽医教育机构、兽医机构、兽医法定机构及相关的兽医组织之间应建立紧密的合作关系。OIE 继续推进其目标，即确保每个兽医法定机构的重要作用在全球和区域范围内得到更多认可。作为这一努力的一部分，非洲区域代表处于 2011 年在巴马科（马里）举行了一次关于兽医法定机构作用的会议，并发表了《巴马科宣言》。

鉴于一个国家的兽医机构的质量是动物卫生和福利、兽医公共卫生、食品安全和卫生以及环境保护的关键因素，2007 年在大马士革（叙利亚）举行了 OIE 中东地区委员会第九届会议，讨论了兽医法定机构和兽医协会在推动兽医职业和改善兽医机构方面的作用。兽医法定机构负责监管兽医和兽医辅助人员的注册、执照颁发和继续执业的资格。兽医法定机构还与兽医协会合作，提高公众对兽医执业和其他兽医活动的信心，同时兽医协会代表兽医，可提升社会对他们的认可度。OIE《陆生动物卫生法典》在兽医机构和兽医法定机构的质量、组织和结构，人员资格和教育，以及科学的专业知识方面提供了标准和指南。

根据 OIE 的规定，兽医法定机构应具有法定权力，为兽医和兽医辅助人员制定教育、道德和专业知识方面的标准；制定职业道德和行为规范，以确保兽医和兽医辅助人员遵守规范；确保让有适当资格和专业道德的执业人员提供服务，从而保护畜主、消费者和其他利益相关者的利益；规范专业人员与其客户之间的联系；维护专业信誉；推动兽医学的科学发展；制定持续职业发展的教育计划；推行 OIE《陆生动物卫生法典》关于独立和可靠兽医认证的规定；鼓励区域和国际市场上的动物和动物产品安全贸易；规范和鼓励经认证的私人兽医参与兽医机构的活动；对所有兽医辅助人员进行注册并颁发执业许可证，兽医辅助人员应在有执照和注册兽医的监督指导下工作。

兽医机构的活动被认为是“全球性公共事业”，而优质的兽医教育和有监管权力的兽医法定机构是保证良好兽医机构管理的基石。因此，OIE 为其成员提供了兽医机构效能评估的工具，旨在培养兽医能力，包括在动物卫生和福利、兽医立法、兽医教育和兽医执业监管领域的能力，以及为兽医教育机构和兽医机构之间新的或现有的结对项目制定指导方针。

关于美洲地区兽医法定机构的现状，大多数国家设立了兽医法定机构，并在法律上被公认为联合会、学院或协会，负责监管兽医和动物卫生技术人员，但不包括兽医辅助人员。这些国家包括：阿根廷、巴西、加拿大、智利、哥伦比亚、哥斯达黎加、多米尼加共和国、危地马拉、洪都拉斯、墨西哥、秘鲁、美国和委内瑞拉。伯利兹、玻利维亚、古巴、尼加拉瓜和乌拉圭等国家都有兽医专业协会，但这些协会不具有做出决定或执行纪律措施的法定权力。

巴拉圭共和国国会上议院（参议院）批准了一项规范专业协会的法案，该法案将使巴拉圭能够按照法令设立兽医法定机构。

设立有兽医法定机构的南美国家现状如下。目前，阿根廷有一个兽医联合会。智利有一个兽医协会（COLMEVET A. G.），该协会根据 1979 年第 2757 号法令（1981 年第 3621 号法令对其进行修正）设立。巴西有一个联邦兽医理事会，它与巴西各州的 27 个地区兽医理事会一起，构成了以巴西利亚为基地的 CFMV/CRMV 体系。巴西联邦兽医理事会是根据 1968 年第 5517 号法令成立的，而地区兽医理事会则受第 05/09（10）号决议的约束。在秘鲁，利马兽医学院（CMVL）是利马市兽医协会，正式代表该行业与国家和国际机构打交道。该兽医学院负责根据第 13679 号法令和关于其条例、章程和道德规范的第 16200 号法令指导和监督兽医执业。

哥伦比亚设有一个兽医和畜牧业专业理事会（COMVEZCOL）和国家职业道德法院（TRINADEP），国家职业道德法院对违反职业道德规范和违反兽医及畜牧业正当执业行为的诉讼进行初审，可依职权对公民提出的申诉做出回应。其他行政机构负责协助检查、监督和控制动物科学的专业实践。关于大学阶段的兽医学、兽医学和畜牧业、畜牧业专业的1985年第73号法令被纳入哥伦比亚宪法第26条，2000年第576号法令颁布了这些专业的道德规范。委内瑞拉于2011年成立了兽医联合会（Federacion de Colegios de Medicos Veterinarios de Venezuela），该联合会载于《委内瑞拉玻利瓦尔共和国宪法》《兽医学执业法》及其实施条例、联合会议事规则、兽医职业道德规范、国家选举条例和兽医誓言。

在中美洲，巴拿马有一个兽医协会（APMV）；哥斯达黎加有一所兽医学院（COLVET Costa Rica），该学院根据第3455号法令设立；洪都拉斯有一所兽医学院（CVMH）；危地马拉于1960年7月18日设立了第一所兽医和动物卫生技术人员学院（CMVZ）；多米尼加共和国根据2002年第173-02号法令设立了多米尼加兽医学院（COLVET），为兽医执业提供了法律体系。

在北美洲，墨西哥有一个法律承认的国家兽医和畜牧业医师联合会（FedMVZ A. C. ），联合会设立于1995年，其成员包括各州学院和专家协会；美国于1863年成立了美国兽医协会；加拿大于1948年成立了加拿大兽医协会。

以下国家有兽医专业协会，但对兽医执业不具有法律权威。乌拉圭有一个兽医协会（SMVU），其章程于2003年获得批准（没有任何法律将其授权为兽医法定机构）。玻利维亚有一所兽医学院（COMVETBOL），根据1997年第1763号法令（2005年修订）被公认为兽医法定机构，但COMVETBOL不具有做出决定或执行纪律措施的法定权力。尼加拉瓜有一所兽医学院（COMVEN），但该学院不是依法成立的兽医法定机构。伯利兹有一个兽医委员会（Gremio de CirujanosVeterinarios），但它不具有兽医法定机构的法定权力。古巴在比那尔德里奥设有兽医科学理事会（CCVPR），是受1985年第54号法令约束的非政府组织。目前，巴拉圭没有兽医法定机构，但参议院已经通过了对国内专业协会进行监管的部分法案。

其他美洲国家，巴哈马、巴巴多斯、厄瓜多尔、萨尔瓦多、圭亚那、海地、牙买加、苏里南和特立尼达和多巴哥没有报告任何关于存在兽医法定机构的信息。

欧洲的兽医法定机构

J. Vaarten

摘　要

谈到欧洲，并不像人们认为的那样简单。事实上，欧洲国家的数量取决于选择划分欧洲的地理、历史和文化因素。此外，欧洲各国的政治和社会经济状况并不统一，欧盟成员国之间甚至存在明显的差异。

这种差异体现在对兽医执业的监管上。虽然各国都对兽医执业进行监管，但监管的程度和方式各不相同。许多国家都有一个独立自主的兽医法定机构，这些兽医法定机构都符合OIE相关的部分或全部规定。在没有兽医法定机构的国家，具体工作由政府直接负责。有些国家只设有一个兽医法定机构，而在其他国家，地方（如州或地区）也会有自己的兽医法定机构。兽医法定机构的权力范围也有所不同。法定职责和成员服务往往是混合的。官方任务和专业支持服务结合在一起。有些国家没有兽医法定机构，业界和政府当局正努力建立兽医法定机构。这些差异影响了专业监管的有效性，从而影响了兽医机构的质量和可靠性。

近年来，欧洲出现了放松管制和市场自由化的趋势。在涉及公众利益的兽医学领域，这种趋势对社会的积极作用值得怀疑。

许多欧洲兽医法定机构都是欧洲兽医联合会的成员。在欧洲兽医联合会框架下，定期开会讨论共同关心的问题。法国兽医联合会通过明确“兽医”和“兽医法”的定义以及制定《欧洲兽医行为规范》，并参与兽医教育评估，为确保欧洲兽医工作质量做出了重大贡献。

关 键 词

协作；差异；欧洲；协调；OIE标准；兽医法定机构；兽医专业组织；OIE。

从面积上看，欧洲是一个较小的区域，面积仅比大洋洲大，但由很多国家组成。欧洲委员会承认47个国家为成员国，其中大部分国家完全位于欧洲，其他国家仅部分位于欧洲，还有一些国家，如塞浦路斯，虽然其领土不属于欧洲，但由被视为欧洲国家。47个欧洲国家的历史、政治和社会经济状况存在明显差异。

其中28个欧洲国家已经加入了欧盟。根据欧盟条约的规定，欧盟有权对某些领域立法。对欧盟成员国具有约束力的立法涉及动物和人的健康、贸易和内部市场。然而，在欧盟层面上，并没有监管兽医执业的立法，而是由各成员国监管兽医执业。不过，为了方便兽医在欧盟内流动，欧盟有一项立法承认兽医在整个欧盟地区内的专业资格。欧盟的一项最新进展是所谓的内部市场信息系统，该系统可以实现国家、地区和地方主管部门与国外同行的快速沟通。通过该系统，兽医法定机构可以交换兽医执照相关信息。

在所有欧盟国家和大多数非欧盟欧洲国家，兽医执业都受到监管。为了保护动物卫生、动物福利以及公共卫生，只有持证且经注册的兽医才可从事兽医工作。要获得执照，他们必须达到教育和执业的最低标准。然而，上述欧洲国家的多样性体现在实现这一目标的手段上。在欧洲，OIE 将兽医法定机构界定为“兽医和兽医辅助人员的独立监管机构”，兽医法定机构以多种方式履行监管职能。一般来说，“兽医和兽医辅助人员的独立监管机构”存在于每个国家，但也有例外。在这种情况下，兽医按照科学和道德标准，“以独立且负责任的态度从事工作的合格专业人员”的身份可能会受到损害。

兽医执业监管方面的差异源于行政管辖权的性质，即国家管辖与多地区管辖。例如，皇家兽医学院是整个英国的法定机构。法国、意大利和德国等其他国家，有多个大区、州等地区，每个地区都设有法定机构。在这些国家，区域性的法定机构在国家层面整合为一体，例如，上诉机构（法国）或沟通平台（德国）。

在其他欧洲国家，如荷兰和斯堪的纳维亚半岛国家（瑞典和挪威），没有 OIE 所述的独立自主的兽医法定机构。在这些国家，通常属于监管机构的职能由政府行政部门履行。颁发执照、保存兽医（和兽医辅助人员）的登记册和处理投诉等活动由各部委或国家机构负责。很容易出现沟通失误和效率低下的情况，特别是在这些职能由多个部门分担的情况下。这些组织的独立性也可能受到质疑，特别是在涉及为主管部门工作或代表主管部门工作的个人的情况下。任何实际发生的或能够觉察到的利益冲突都会损害该系统的可信度。

虽然大多数欧洲国家都有监管兽医辅助人员的发展趋势，但兽医法定机构通常只对兽医进行监管。此外，并非所有欧洲法定机构都监管整个兽医行业。比如，在一些国家，兽医法定机构只监管私人兽医。如 OIE 所述，兽医法定机构应监管所有从事兽医工作并且对这些工作承担职业责任的人员。

欧洲各国兽医法定机构采用的执照颁发标准也各不相同。通常，这些差异与兽医教育的水平、职业道德和行为有关。欧洲没有法定的兽医教育最低标准，因此，欧盟专业资格认可的最低要求被公认为欧洲标准。这些是欧洲兽医学校评估体系中使用的标准，由欧洲兽医教育机构协会在欧洲兽医联合会的参与下实施。2013 年，欧洲 97 所学校中，有 57 所符合欧洲兽医教育机构协会的要求，获得批准，有 4 所学校获得有条件批准。获批学校的数目正在逐步增多。在一些国家，兽医法定机构直接监管兽医教育的质量，并可以决定是否认可某所学校的资质，为该校毕业的学生颁发执照。关于兽医道德和执业行为的标准各不相同，有些标准应用范围比较狭窄，直接与兽医活动对动物和人类健康及福利的影响相关，有些标准应用范围比较宽泛，以“适合执业”为基础，考虑到更普遍的社会标准。

欧洲的兽医法定机构从事各种活动。有些履行严格的监管职能，确保兽医和兽医辅助人员提供服务的质量，而另一些则参与到更广泛的活动领域，包括研究生教育项目和会员服务，而在其他国家，这些服务可由专业兽医协会提供。因认识到兽医学质量对确保公众信心的重要性，一些专业协会开展了旨在确保兽医学质量的活动。相关的例子包括专业协会为加强抗菌药物的负责任使用和提高动物福利的意识而采取的举措。专业协会的建议可能难以执行，特别是对于非协会会员的兽医而言。但是，这些建议可能有助于兽医法定机构的审议工作。

根据上述介绍，可以说欧洲的兽医法定机构就像在一个主题上演奏出不同变奏曲的音乐家一样。试图使这支“欧洲乐队”更加和谐的组织是欧洲兽医联合会。欧洲兽医联合会是由来自 38 个欧洲国家的 46 个国家兽医专业组织组成的联盟，包括所有 28 个欧盟成员国以及

10 个非欧盟国家。欧洲兽医联合会当然不能指挥欧洲兽医法定机构“乐队”，但它协助独立的兽医法定机构“音乐家”，并帮助他们在同一乐谱上演奏。

欧洲兽医联合会特别工作小组关注与法定机构工作有关的问题。例如，兽医跨境活动和专业资格的认可；兽医预科和研究生教育的质量；兽医和兽医辅助人员的国家管辖；欧洲自由职业的监管或放松监管；兽医认证的原则。与欧洲的其他自由职业一样，欧洲兽医联合会最近通过了一项关于自由职业的宪章。根据欧洲法律，自由职业“具有显著的智力特点，需要高水平的资格，通常受到明确且严格的职业监管”。在从事这种活动时，个人因素特别重要，而且这种活动很大程度上涉及独立性而和专业性。

欧洲兽医联合会通过了兽医的定义，即“受过全面的科学教育，由法定主管部门颁发执照，为了动物卫生和福利、客户的利益和社会的利益，能够独立、合乎道德地从事各项兽医工作的专业人员，而且能够独立承担赋予个人的工作职责”。虽然更具体，但本质上符合 OIE 对兽医的定义，即“受过适当教育，经国家相关兽医法定机构注册或颁发执照，在该国从事兽医/科学工作的人”。

欧洲兽医联合会大会还确定了《兽医法》和《欧洲兽医行为规范》。该行为规范适用于公共和私营部门的所有兽医，包括执业人员、卫生人员、研究人员和政策官员。它概述了欧洲职业兽医的作用和责任，以及兽医如何在不同形态社会上行使这些作用和责任。

亚洲、远东和大洋洲地区的兽医法定机构

R. C. Abila 和 T. Ishibashi

摘　要

亚洲、远东和大洋洲地区的兽医执业管理差异很大，有的国家没有任何形式的兽医执业管理，有的国家则设有符合 OIE 标准的高质量的兽医法定机构。OIE 亚洲、远东和大洋洲地区的 32 个成员中，约 19%的成员没有正式的兽医法定机构。已经实施兽医执业监管的成员，对兽医执业的监管方式也不尽相同，可以分为三大类，即：

-由依法设立的独立兽医法定机构监管，仅负责监管兽医执业；

-由兽医专业协会监管，专业协会不具备正式的法定架构；

-由兽医主管部门或兽医机构的政府主管部门直接监管。

不同国家对于颁发执照和/或执业注册的要求也各不相同。有些国家要求兽医通过笔试或口试才能获准执业。有些国家不设任何考试，但自动认可从国家兽医法定机构认可的兽医教育机构毕业的兽医。

根据进行的兽医机构效能评估和/或差距分析，一些国家正在采取措施建立或改进国家兽医法定机构。一个成员已请求 OIE 协助建立兽医法定机构，并将 OIE 相关规定纳入其拟议的“新兽医法”。一个成员正在与爱尔兰签署结对协议，以加强其国家的兽医法定机构。

区域合作正在逐步扩大，方便兽医专业人员“跨界”。2015 年，东盟的 10 个东南亚成员订立了《相互承认协议》，容许兽医专业人员跨国工作。鉴于这一发展，兽医法定机构在监管兽医执业方面的作用越来越重要，所有成员都有强烈的理由实施 OIE 关于兽医法定机构的建议。

关 键 词

OIE 亚洲、远东和大洋洲地区；兽医执业；兽医法定机构；OIE。

第3部分

OIE的现有工具

主席：Ron DeHaven，OIE兽医教育特别工作组主席

OIE关于兽医教育和兽医法定机构的标准和建议及其在良好管理方面的作用

D. Rassow

摘　要

兽医机构的质量取决于其人员的能力和培训。事实上，优质的兽医教育和有效的兽医法定机构是兽医机构良好管理的基石。因此，OIE已被成员委托在全球范围内发挥领导作用，制定兽医教育和有效兽医法定机构的基本要求，以支持实现国家兽医机构的良好管理。

2012年通过的OIE《陆生动物卫生法典》第3.4章的立法章节，分析了确定兽医和兽医辅助人员最低教育要求的必要性。同年，OIE根据由兽医学院院长、院士和其他专家组成的专家小组的工作，发布了《为确保国家兽医机构的服务质量提出的有关兽医毕业生(Day 1毕业生)能力的建议》。这些建议与所有成员相关，同时尊重各成员的具体需求和情况。OIE以“兽医教育核心课程指南”的形式向各成员提供额外支持。委托OIE采取各种举措以加强全球兽医教育和良好管理的决定可见于世界代表大会的决议和OIE全球兽医教育会议的建议（2009年，巴黎；2011年，里昂）。

如《陆生动物卫生法典》所述，兽医法定机构应有能力在合适法律的支持下，对所有兽医和兽医辅助人员行使和强化管制措施。这些管制措施包括：颁发执照或强制注册、参与认证学位、文凭和证书的最低教育标准（基础教育和继续教育）、制定职业行为标准、执行控制和惩罚程序。

遵守OIE关于兽医教育和兽医法定机构的标准和建议，可确保提供专业服务的质量，提高兽医机构的公信力，并有助于实现良好管理。

关 键 词

课程；良好管理；《陆生动物卫生法典》；培训；兽医教育；兽医法定机构；兽医立法；兽医机构。

本文简要介绍了OIE关于兽医教育和兽医法定机构的标准和建议。其主要目标是提高兽医机构（包括私人和公共兽医）的良好管理和能力。

毫无疑问，兽医机构的业绩在很大程度上取决于其人力资源的专业能力、技能和资格。因此，兽医机构的质量取决于其人员的能力和培训。事实上，优质的兽医教育和有效的兽医法定机构是兽医机构良好管理的基石。因此，OIE已被成员委托在全球范围内发挥领导作用，制定兽医教育和有效兽医法定机构的基本要求。

委托OIE采取各种举措以加强全球兽医教育和良好管理的决定可见于OIE世界代表大会的决议和OIE全球兽医教育会议的建议（2009年，巴黎；2011年，里昂）。该委托责任包括教育要求以及整个兽医行业有效参与国家兽医机构执行 OIE 标准的责任和义务。

根据委托，OIE 制定国际标准，这些标准由 OIE 世界代表大会通过，被世界贸易组织公认为参考标准，并载于《陆生动物卫生法典》中；或制定建议，这些建议也由 OIE 世界代表大会通过，但与世界贸易组织无关，且未载于《陆生动物卫生法典》。

鉴于兽医机构质量的重要性，作为标准的《陆生动物卫生法典》在其关于兽医机构的一章（第 3.1 章）中规定："应对兽医机构的每个职位进行描述。这些岗位动物卫生描述应包括对教育、培训、技术知识和经验的要求"。

管理兽医和兽医辅助人员的重要标准也包含在《陆生动物卫生法典》关于兽医立法的章节（第 3.4 章）中。本章于 2012 年通过，作为成员建立或完善兽医机构法律基础的标准。第 3.4.6 条规定，各国兽医立法应明确兽医和兽医辅助人员的最低基础教育和继续教育要求和能力。

两项兽医教育建议对 OIE 的标准进行了补充：OIE 为确保国家兽医机构的服务质量提出的有关兽医毕业生（Day 1 毕业生）能力的建议，以及 OIE 关于兽医教育核心课程的指南。"Day 1 毕业生能力"是应届兽医毕业生为了以 OIE 的标准有效参与兽医机构并工作所需要具备的能力。兽医教育核心课程提供了教授兽医专业学生取得这些"Day 1 毕业生能力"的通用指南。作为标准课程，有足够的灵活性来适应 OIE 成员之间显著的社会、经济和政治差异。这两份文件都是由 OIE 兽医教育特设小组制定的，该小组由兽医学院院长、院士和其他专家组成。这些建议与所有成员相关，并认识到每个兽医教育机构可能需要对推荐的核心课程进行额外补充，以满足特定地区或国家教育的需求。

就兽医法定机构的重要作用和工作而言，《陆生动物卫生法典》（第 3.4.6 条）规定，兽医法定机构应有能力对所有兽医和兽医辅助人员行使和执行管制措施。这些管制措施应酌情包括：颁发执照或强制注册、参与认证学位、文凭和证书的最低教育标准（基础教育和继续教育）、制定职业行为标准并执行惩罚程序。

据观察，OIE 的许多成员没有正常运行的兽医法定机构，这往往与缺乏适当的立法有关，《陆生动物卫生法典》第 3.4 章强调并详细描述了适用于兽医机构运行的健全监管体系的基本要素，包括处理兽医和兽医辅助人员的行为和工作能力的权力，以及颁发执照等。

《陆生动物卫生法典》关于兽医机构评估的章节（第 3.2 章）描述了对于兽医法定机构的评估标准。评估应特别考虑职能能力、决策的问责制和透明度、财政资源和培训项目，并且是 OIE 兽医机构效能提升程序的组成部分。

结　论

OIE 标准为强制性管理兽医和兽医辅助人员提供了一个综合的监管框架。OIE 的补充建议和指南是加强兽医资质认证和培训的适当工具。同时，这些建议和指南尊重国家和区域在兽医教育方面的具体情况。

遵守 OIE 关于兽医教育和兽医法定机构的标准和建议，可确保专业服务的质量，提高兽医服务的公信力，并有助于在全球范围内实现兽医机构的良好管理。

供兽医教育机构和兽医法定机构使用的 OIE 能力建设工具

V. Wong, A. Dehove & E. Bonbon

摘　要

兽医的基础教育是兽医机构良好管理的一个关键参数。OIE 正在继续开发兽医机构服务能力建设工具，以提高全世界兽医教育的质量。OIE 发布了兽医教育核心课程指南和兽医毕业生（"Day 1 毕业生"）工作能力（也称为 OIE DAY 1 工作能力）建议，以确保国家兽医机构的质量。这些建议规定了兽医毕业生需要具备的最低能力，以便他们在毕业后进入国家兽医机构（公共和私营部门）工作做好准备。

高质量的兽医教育对于兽医机构的高效运行至关重要，因此，提高兽医教育质量是改善全球兽医机构管理计划的关键组成部分。根据兽医机构效能评估（PVS）程序，并以成功的 OIE 实验室结对倡议为基础，OIE 制定了兽医教育机构结对计划，其中包括发达国家和发展中国家大学之间的师生交流。为推动这一结对计划实施的《兽医教育结对项目指南》现已出版，这是宣传优质教育对保护人类和动物卫生重要性的一项重要举措。

建立一个独立、高效的兽医法定机构（VSB），负责监督在该国执业的私人兽医的质量和专业水准，对于在兽医机构建立公私合作伙伴关系至关重要。兽医法定机构除了对不符合兽医执业要求的情况采取纪律措施外，还将通过制定执照发放和兽医教育标准（包括基础教育和继续教育）来确保兽医的出色专业水准。此外，兽医立法机构还应负责兽医注册，私人兽医和兽医辅助专业人员的资格认证以及监督程序。为了减少国家兽医法定机构在履行这些职能方面的全球差异，OIE 制定了发达国家和发展中国家兽医法定机构结对计划，并出版了《兽医法定机构结对项目指南》。该计划将协助制定和实施国家立法，以推动兽医机构，特别是其私营兽医机构的有效运作。

OIE 成员实施这些 OIE 计划将有助于对兽医职业培训和管理采取全球统一方法，并且有助于在兽医法定机构的设计和兽医机构的良好管理方面更好地遵守 OIE 国际标准。

关 键 词

结对项目；兽医教育；兽医机构；兽医法定机构。

引　言

优质的兽医教育有助于构建一支高效的动物卫生队伍，能够实施和领导良好管理。这些实践反过来又能减少动物疫病和人兽共患病带来的威胁，从而限制疫病向人类传播。此外，良好管理是改善农业生产和创收的关键，也是实现公共卫生安全和减贫的一个促进因素。因此，提高教育的影响和质量对于实现国家兽医机构的现代化并使其适应社会需求至关重要。

OIE 认识到兽医机构良好管理需要严格执行国际标准，因此通过其制定的标准、准则和建议开发了能力建设工具，努力改善世界各地动物的健康和福利。OIE 大力鼓励兽医机构遵守其国际质量标准，以便能够早期和有效地对动物疫病和人兽共患病进行检测、诊断、快速反应、控制和预防。

OIE 是“三姊妹”国际标准制定组织之一，与国际食品法典委员会（CAC）和在《国际植物保护公约》(IPPC) 框架内运行的有关国际和区域组织共同制定世界贸易组织（WTO）《卫生与植物检疫措施协定》(SPS 协定）所述的国际标准。在 OIE 主持下制定的国际标准、指南和建议，为动物卫生和人兽共患病提供了一个具有协调性和民主性的法律框架。这些标准在《OIE 陆生动物卫生法典》《陆生动物诊断试验和疫苗手册》《水生动物卫生法典》和《水生动物诊断试验手册》中有详细说明。此外，OIE 出版了《兽医实验室质量标准和准则：传染病》，这是对 ISO 17025“兽医实验室”标准的具体解释。

OIE 得到了全球专业技术网络的支持，该网络由 250 多个 OIE 参考实验室和合作中心（统称为 OIE 参考中心）组成。这些参考中心都是世界领先的机构，为所有 OIE 成员提供疫病预防、监测和控制方面的技术支持。这一多学科网络在保护世界免受动物疫病和人兽共患病威胁方面发挥着至关重要的作用。

兽医实验室是 OIE 兽医机构效能提升程序的重要组成部分，提升程序是一个持续的过程，旨在促进兽医机构符合国际标准及其可持续的效能。OIE 的兽医机构效能提升程序摆脱了由外部驱动的、短期的、应急反应型“垂直”方法（仅针对特定疫病），转变成更可持续的、长期强化的“水平”（动物卫生）体系。此外，捐助方和合作伙伴还将 OIE 兽医机构效能提升程序视为衡量及评估推进和遵循 OIE 标准的工具，这对改善全球动物卫生和福利至关重要。

该过程包括：在自愿的基础上，根据国际标准对兽医机构进行系统评估（初步兽医机构效能评估）；基于将兽医机构效能评估结果与国家优先事项相结合的五年一度成本经营预算（PVS 差距分析/PVS 成本计算工具）；协助国家兽医立法的发展和/或现代化（PVS 兽医立法支持计划）；评审和改进兽医实验室网络（兽医机构效能提升程序实验室任务和实验室结对项目）；加强和协调兽医教育机构，使其符合相应 OIE 指南（兽医教育结对项目）；通过制定教育质量、许可和道德的标准和措施，确保私营部门兽医的卓越表现（兽医法定机构结对项目）；设立一个监测和评估所有组成部分进展情况的一致机制（定期进行兽医机构效能评估的跟进工作）。

图 1 展示了 OIE 兽医机构效能提升程序。

OIE 兽医机构效能提升程序下的实验室结对计划具体旨在按照 OIE 的国际标准，在重点地区建设动物疫病和人兽共患病防控方面的能力和专门知识。实验室结对计划下的项目使更多 OIE 成员能够获得高质量的诊断检测和技术知识，从而促进早期疫病检测和快速控制。每个项目都将有一个 OIE 参考实验室或合作中心与选定的“候选”实验室结对，并在整个项目期间交流知识和技能。

为了促进实验室之间结对项目的准备，OIE 出版了《OIE 认证参考中心结对项目指南》。

截至 2013 年 12 月 31 日：

-18 个结对项目已完成；

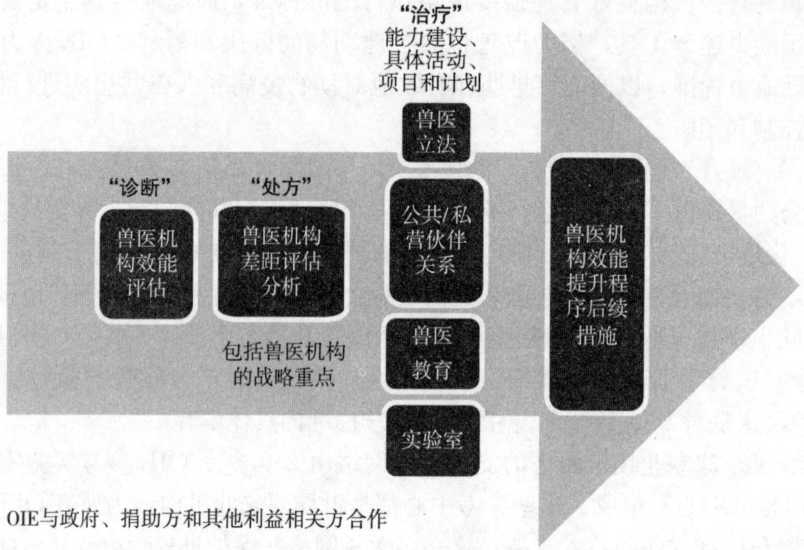

图 1　OIE 兽医机构效能提升程序

-29 个结对项目正在进行中；

-9 个结对项目已获批准，即将开始实施；

-在 OIE 结对项目完成后，3 个候选实验室已被指定为 OIE 参考实验室。

迄今为止，结对项目中最常见的疫病有禽流感/鸡新城疫、布鲁氏菌病、狂犬病和口蹄疫。结对项目的其他主题包括食品安全、兽药产品、流行病学、提高诊断能力、风险评估、监测与经济分析。

兽医教育

作为 OIE 兽医机构效能提升程序中专门涉及的另一个主题，兽医教育在为兽医专业人员提供有效开展工作和有效支持兽医机构的必要知识方面发挥着至关重要的作用。

鉴于兽医在确保动物、人和生态系统的健康和福利方面的重要贡献，OIE 倡导高质量兽医教育的重要性，包括基础教育和继续教育。OIE 注意到，世界各地兽医教育的质量差异很大，许多 OIE 成员都存在严重的局限性。在尊重国家和区域具体情况的同时，OIE 也认识到需要提供适用于所有国家和地区的相关建议。国家兽医机构应能达到每个国家所采用的标准，同时也应能符合相应的国际标准和建议，尤其是所有 OIE 成员一致通过的，在 OIE《陆生动物卫生法典》和《水生动物卫生法典》中公布的标准和建议。

为了解决这一问题，并借鉴由所有 OIE 地区的院长组成的 OIE 兽医教育特设小组的工作，OIE 一直致力于开发可以提高全世界兽医教育质量的工具。OIE 发布了 OIE 关于兽医毕业生（"Day 1 毕业生"）的能力建议（"DAY 1 工作能力要求"）（以确保国家兽医机构质量）和 OIE 兽医教育核心课程指南。

这些建议规定了在国家兽医机构公共或私营部门从事工作的兽医毕业生所需的最低能力。我们鼓励负责兽医教育机构认证的所有相关机构将这些能力纳入其最低课程要求。

为了支持这些建议，兽医教育核心课程指南提供了借鉴，可以在此基础上再加入国家需求和国情的考虑。该指南指出了如何开发课程来教育兽医专业学生以达到预期的能力水平。

强烈建议 OIE 成员兽医教育机构在提升或评审兽医教育质量时参考这些指南。这些建议和指南主要是提供给发展中国家和转型期国家，以作为其提高和维持国家兽医机构质量的工具。

作为提高这些国家兽医机构能力和专业知识的一种手段，OIE 启动了兽医教育机构之间的结对计划。该计划下的每个项目都是由一所或多所认可兽医教育机构（称为“主兽医教育机构”或“候选兽医教育机构”）合作进行的。OIE 兽医教育结对计划的总体目标是通过师生交流促进高质量的兽医教育，从而使受过良好教育的兽医之间实现更好的地域平衡。结对的个体目标由 OIE 和主兽医教育机构及候选兽医教育机构的主任或院长共同商定，并需要相关国家驻 OIE 代表的认可。

兽医教育机构之间结对项目的期限最少为 2 年，最多为 3 年。主兽医教育机构和候选兽医教育机构都需要做出强有力的承诺，以推广 Day 1 工作能力要求和兽医教育核心课程指南中的规定。

作为通过结对进行能力建设的工具，OIE《兽医教育结对项目指南》详细说明了这些项目的范围和过程。该指南还概述了 OIE、主兽医教育机构和候选兽医教育机构的作用及其期望，以及起草项目提案和记录进展的行政和财务程序。

兽医法定机构

兽医法定机构的作用是监督一个国家兽医的质量和能力。一所合格的兽医法定机构，应独立于任何政治或商业利益，可以通过为兽医专业人员发放执照或注册，并针对兽医教育（基础教育和继续教育）和职业行为提供最低标准，来确保兽医行业的卓越表现。

OIE《陆生动物卫生法典》第 3.4 章（兽医法规）第 3.4.6.2 条和第 3.2 章（兽医机构评估）的以下条款对兽医法定机构行使其监管能力的职能和立法程序进行了界定：

-第 3.2.1.9 条（一般考虑）；

-第 3.2.12 条（兽医法定机构的评估）。

在实施初步 OIE 兽医机构效能评估任务过程中，通过 OIE 兽医机构效能评估工具中的以下关键技能来评估是否遵循上述规定：

-Ⅲ-5A（兽医法定机构权力）；

-Ⅲ-5B（兽医法定机构能力）。

初步兽医机构效能评估报告分析特别指出，在所有 OIE 成员中，只有不到一半的成员建立了有效的兽医法定机构来监管兽医专业人员。在认识到有必要加强兽医法定机构后，OIE 通过实施兽医机构效能提升程序来加强公共和私营伙伴关系，不断鼓励其成员参与结对项目并从该项目提供的机会和专业知识中获益。

OIE 兽医法定机构结对项目旨在发展兽医法定机构的能力，从而使它们能履行兽医当局赋予的职责，同时遵守 OIE 的国际标准。

结对项目由公认的兽医法定机构（称为“母机构”）和受益兽医法定机构（称为“候选机构”）负责。尽管主要是从母机构将知识传授至候选机构，但结对项目对双方均有益处，并为双方提供了发展其专业知识的机会。

虽然 OIE《陆生动物卫生法典》将兽医法定机构界定为“自治机构”，但并非适用于所有 OIE 成员。在某些国家或地区，兽医法定机构的职能由行政当局承担或由兽医当局本身履行。OIE 兽医法定机构结对项目的潜在候选机构有可能组建一个兽医法定机构，该机构将获得逐步实现自治或完全自治的能力。

结对方案的最终目标是帮助兽医法定机构实现自给自足，有能力为相关国家兽医法规的发展做出贡献，并如前所述，监督专业实践。

除了每个项目的个别目标之外，项目可能专注于以下所有或部分领域：

-策略：开展专业人员统计研究；制定基础教育和继续教育培训计划；确定兽医人员从业资格水平；界定权利和义务；制定专业规则，界定兽医法定机构的地位和法律框架，以确保其独立性。

-结构：在兽医法定机构内部建立行政、招聘和财务机制。

-职能：制定初级培训和持续培训的登记和记录程序及纪律处分程序。

为概述结对项目，OIE 制定了兽医法定机构结对项目指南。该指南的作用是引导潜在参与者完成相关流程，并详述成功结对项目的要求。与 OIE《兽医教育结对项目指南》类似，还介绍了项目资金支持方面的信息：可选择从 OIE 获得全部资金；由 OIE 和母机构或候选机构共同出资（或由另一个捐助方直接出资）；或由母机构和候选机构自己出资。

兽医法定机构间结对项目的期限最少为 1 年，最多为 3 年。

结　论

高质量的兽医教育关乎着兽医法定机构的有效运行。教育是增加科学知识的基础。教育还使兽医具备必需的资格并获得必要的经验，以强化兽医队伍（包括组建兽医法定机构）。

反过来，这些监管机构可以为兽医机构的兽医和兽医辅助人员制定有利于他们专业持续发展的资格评定和教育项目，以便持续保障动物的健康和福利。

人员、动物和货物流动的增多加速了病原体和入侵物种的传播，因此在当今的兽医课程中必须对这些挑战做出反应和应对。例如，也应开发和利用新技术及疫情报告系统，以便教育学生认识到疫病预防和控制的重要性。另外，还应该提供资源促进教育的发展。

为此发布了 OIE 兽医毕业生工作能力建议（“Day 1 毕业生”），以确保兽医服务的质量，并针对能力建设方面发布了 OIE 兽医教育核心课程指南，用于协助世界各国提升课程内容和遵守最低能力要求。

OIE 发布了《兽医教育结对项目指南》，旨在通过结对，让各国获得发展符合国际标准的现代教育设施和方法的机会。

在扩大这一举措的过程中，OIE 启动了“兽医法定机构结对项目”，其目标是发展有效履行 OIE《陆生动物卫生法典》所述兽医法定机构职责所急需的能力。

OIE《兽医法定机构结对项目指南》用于让潜在申请人熟悉可开展结对的各个领域以及相关流程。

尽管兽医教育机构和兽医法定机构的结对方案才实施不久，但越来越多的国家向 OIE 提出了希望开展结对项目的请求。首先是要鼓励各国参考上述指南，以确定它们希望发展的优先领域。

必须提供持续的捐助资金，以支持和维持母机构和候选机构之间的联系，并确保有效地将专业知识和能力传授至受益机构。

凭借 OIE 开发的能力建设工具，越来越多的兽医教育机构和兽医法定机构将能为兽医行业提供充足的知识和专业技能，保护社会免受动物疫病和人兽共患病的威胁。同时与 OIE 的价值观相呼应，这些工具有助于“保护动物，保障我们的未来”，因此，它们也是全球健康安全的重要一环。

OIE合作中心在加强兽医教育和管理方面的作用

S. Martinot

摘　要

OIE积极发展其成员的兽医能力。为此，开发了评估工具（PVS）、标准和良好管理指南，并组建了兽医教育特别工作组。OIE也建立了负责专业知识的合作中心，每个中心在指定的职权范围内负责管理其专业的所有方面，以便应对社会面临的主要挑战，包括粮食安全和动物福利。

一些OIE合作中心直接参与兽医的初级培训以及兽医管理官员的培训。国立里昂兽医学院（ENSV）隶属里昂的VetAgro Sup高等教育和食品、动物卫生、农业科学和环境研究所，自2004年以来一直是培训官方兽医的合作中心。根据OIE赋予的任务，向OIE提供了服务和专业知识，以帮助制定兽医机构效能评估工具。它还支持在专业领域建立其他合作中心和培训中心（阿根廷、塞内加尔、摩洛哥、阿尔及利亚和突尼斯），并开发出能让培训方法、内容和工具之间实现协调，同时相互支持和协同作用的网络。由于其居于法国基础兽医教育体系的核心地位，因此能针对积极优化培训流程的国家提供专门的培训方案，协助这些国家提升公共和私人兽医监管水平以及其兽医的技能（这些兽医均符合兽医毕业生应具备的"Day 1毕业生最低能力"的要求）。

关 键 词

合作中心；基础兽医教育；OIE合作中心；兽医教育；兽医管理；OIE。

引　言

在这个病原体自由流动且人与动物之间接触越来越频繁和亲密的世界，兽医在改善公共卫生和预防动物流行病方面发挥了关键作用。在实现OIE目标（即动物疫病监测和控制、动物卫生信息透明度和准确性、共享专业知识以及确保食物链贸易安全、消费者安全和食品安全）方面，OIE依靠国家兽医机构（公共和私营兽医部门结合）的工作。为了确保兽医服务的质量，他们必须配备训练有素、在动物卫生关键领域非常称职的兽医。为此，OIE开展了广泛的工作，以确定兽医毕业生的能力（Day 1毕业生）。根据OIE兽医机构效能提升程序对兽医毕业生能力水平进行评估。建立OIE合作中心并发展结对系统，有助于各国提高它们在兽医教育领域的潜力。

OIE合作中心的定义

OIE合作中心是与一般动物卫生问题管理（下称"专业"）相关的特定职权范围内的专业知识中心。为技能发展（特别是区域内的技能发展）提供支持服务，为实施动物卫生政策提供帮助。另外，OIE 合作中心还会收集、处理、分析、公布和传播其专业领域的相关数据和信息，并向来自 OIE 成员的人员提供知识和技术培训。OIE 合作中心会派遣 OIE 的专家来传授专业技能。最后，OIE 合作中心还将识别并维护现有专业知识，与专门为同一专业而设的其他 OIE 参考中心建立网络并对该网络进行妥善维护。

OIE 合作中心地位授予符合以下遴选标准的申请机构（*参见 OIE 网站上的 OIE 合作中心地位申请者指南*）：

-机构的科学和技术在国家和国际上所处的地位，并且在科学团队中配备兽医专家；

-机构在 OIE 成员动物卫生、科学或教育机构中所处的地位；

-机构科学和技术领导力质量，包括其主管领域的国际公认专业知识方面；

-机构在人员、活动和资金方面的预期稳定性；

-机构与 OIE 成员境内、区域和全球各级其他机构建立的工作关系；

-机构及其活动与 OIE 方案优先事项的技术和地理相关性。

目前负责兽医教育的合作中心名单如下：

-Centro Buenos Aires para laCapacitación de los Servicios Veterinarios（阿根廷），负责兽医服务培训；

-École Nationale des Services Vétérinaires（法国），负责官方兽医培训；

-Istituto Zooprofilattico Sperimentale dell'Abruzzo e del Molise 'G. Caporale'（意大利），负责兽医培训及流行病学、食品安全、动物福利培训。

这三个中心的活动旨在促进其所在区域的 OIE 政策落实。他们发展与区域伙伴的合作，并对兽医公共卫生利益相关方进行培训。他们积极从事研究和知识传播。其他合作中心在某种程度上也参与了教学培训，包括 École Inter-États des Sciences et Médecine Vétérinaires（塞内加尔）和动物生物学国际合作研究所（美国）。

每个合作中心发布的年度报告（可在 OIE 网站上查阅）详述了它们在各个领域的贡献。

以国立里昂兽医学院为例

国立里昂兽医学院（École Nationale des Services Vétérinaires，ENSV）成立于 1973 年，自 2010 年以来，已成为 VetAgro Sup 高等教育、食品、动物卫生、农业科学和环境研究所的一部分，该研究所还创办了世界上第一所兽医学校：国立里昂兽医学院（ENVL）。作为法国在这一领域的唯一学校，国立里昂兽医学院的任务是为公共和私营部门的所有利益相关方设计、开发、实施和评估其在兽医公共卫生和食品方面（公共政策和私人倡议）的活动，并开展职业培训和研究。

更具体地说，国立里昂兽医学院为兽医公共卫生检查员提供专业培训，以便其能在法国的其中一所兽医学校（共 4 所）完成培训。这些学生检查员由来自其他学科的本国和外国学生组成，符合国立里昂兽医学院特有的跨学科合作策略。国立里昂兽医学院强调跨学科培训、教员的专业知识和嵌入其课程核心的实操培训。国立里昂兽医学院没有教职员工，依靠的是来自政府高层、私营部门、研究和技术支持机构以及法国一流科技大学的 150 多名讲师组成的培训团队。国立里昂兽医学院共提供 3 种课程：2 种硕士学位课程和 1 种兽医研究生文凭课程。

国立里昂兽医学院的终身进修课程包括 40 门课程，每年招收约 650 名学生，课程涵盖兽医公共卫生管理职业的技术和法律方面。国立里昂兽医学院还与法国国家兽医和技术服务联合会（SNGTV）合作，每年为兽医卫生人员（拥有法国兽医机构动物卫生认证授权的私人兽医；www.ensv.fr/formations/formation-des-v%C3%A9t%C3%A9rinaires）开设160多期继续教育课程，课程重点是对兽医公共卫生活动有影响的所有专题问题。

2004年5月，国立里昂兽医学院被认证为OIE官方兽医培训合作中心，其成为培训兽医服务部门管理人员的世界性参考中心。其帮助培训来自法国一些伙伴国家的官方兽医，特别是来自地中海南部国家的官方兽医。例如，国立里昂兽医学院为达卡（塞内加尔）的国际兽医科学和医学学院（EISMV）和拉巴特（摩洛哥）的哈桑二世农学和兽医学院（IAV）以及阿尔及利亚和突尼斯当局提供兽医公共卫生政策官方兽医培训方面的专业知识。另外，国立里昂兽医学院还协助开发了一个网络来协调培训方法、内容和工具，同时促进相互支持和协同作用。

最后，国立里昂兽医学院积极地通过开展或领导研究和调查，或通过参与科学机构提供的调查，来建立、保留相关专业知识体系，以便随后出版。这里国立里昂兽医学院为OIE提供了服务和专业知识，以帮助创建兽医机构效能评估工具。

由于国立里昂兽医学院处于法国基础兽医教育体系的核心地位，因此能对积极优化培训流程的国家提供专门的培训方案，协助这些国家提升公共和私人兽医监管水平以及其兽医的技能（这些兽医均符合兽医毕业生应具备的“Day 1 毕业生最低能力”的要求）。

合作中心在加强兽医教育和兽医管理方面的作用

帮助培养和监控“Day 1 毕业生能力”

合作中心在履行提供专业知识以帮助提高兽医机构质量的职责时，在培养和监控兽医毕业生的“Day 1 毕业生能力”方面发挥着重要作用。合作中心依靠包括OIE兽医教育特别工作组在内的各种机构的工作，并参与国家和区域兽医培训智囊团，为制定和宣传标准做出贡献。例如，欧盟（EU）兽医培训指令根据合作中心的专业知识进行了修订，以确保欧盟成员兽医培训的核心能力。合作中心为希望评估其兽医机构能力的国家提供了类似的专业知识。

将基础兽医教育与兽医管理方面的专家培训联系起来

在兽医公共卫生领域，要在兽医机构的公共和私营部门之间实现良好协调离不开密切互动，其中就包括基础教育期间的互动。培训的目标是培养一系列技能，促进各方之间的相互认可。为此，专家和学者交叉参与基础兽医教育课程，以及适用于未来兽医管理领导者培养的专家培训课程，确保最佳组织技能。因此，合作中心聘请了兽医教育机构和官方兽医机构的专家进行培训。私人教师也加入教学团队。招聘来自不同背景的教师，成为互补技能目标实现途中的一个巨大优势。

有助于兽医公共卫生领域兽医的终身学习

不断发展的知识、新监管和检测概念及计划的发展，要求不断激活现有知识并更新兽医机构所有参与者的知识。终身学习除了涉及专门针对兽医机构不同组成部分（公共和私营）的方案外，还应加强各组成部分之间的互动。因此，在法国，国立里昂兽医学院负责对参与动物卫生监测的官方兽医和私人兽医进行分期培训。为确保最好的培训效果，国立里昂兽医学院与兽医专业组织一起组织培训。

为希望提升兽医能力的国家提供专业知识

合作中心应要求在处理单项评估结果方面为 OIE 成员提供支持或在更广泛的技能提升背景下提供支持。可以采用现场或远程培训的形式，和/或在培训期接待成员学员。为建立新的协作中心，在世界不同地区提供培训也非常重要。例如，OIE 通过结对的方式在世界不同地区建立了多个新的官方兽医培训中心。

因此，合作中心是 OIE 为加强全球公共卫生而建立的全球系统的一个组成部分。兽医教育的关键作用是培训专业知识，这对于加强 OIE 成员的公共和私人兽医教育极为重要。

致　谢

我们非常感谢国立里昂兽医学院（ENSV）主任、兽医 Olivier Faugère 博士在撰写本文时提供的帮助。

OIE 合作中心在加强兽医机构方面的作用

W. Hueston & S. Wells

摘　要

OIE 合作中心旨在为 OIE 的政策和优先事项提供专业知识方面的支持。合作中心的职责要求向 OIE 提供服务，并在指定的专业范围内，向 OIE 成员提供知识和技术培训。

当实施 OIE 兽医机构效能提升程序时，OIE 合作中心的作用变得尤为重要。实施兽医机构效能提升程序时，首先要评估兽医机构在核心能力方面的基线效能。完成兽医机构基线效能评估后，可能会进行 PVS 差距分析，将评估的进步水平与国家战略目标进行比较，确定用于提升效能的投资预算。随后是以最感兴趣的领域和现有资源为目标，实施能力建设、国际发展项目、特殊项目和具体项目。

合作中心为能力培养和开展具体项目提供了一个机制。例如，合作中心可直接响应另一国家政府的援助请求，以提高风险分析和监管等领域的效能。或者，合作中心可开发和提供专业发展方案，同时对来自不同国家、地区或全球的政府、行业或学术官员采取开放态度。或者，合作中心与另一个机构结成姐妹机构，以支持其发展。OIE 世界动物卫生和福利基金（OIE 世界基金）根据确定的优先事项支持结对活动。

2013 年，OIE 宣布启动兽医教育结对方案，重点关注准兽医毕业生的能力（“Day 1 毕业生”），以确保国家兽医机构的质量。发达国家和发展中国家的兽医学院为了提高全世界兽医教育的质量结成姐妹学校。国家兽医法定机构也可以在 OIE 的牵头下参与结对方案。

世界各地的合作中心为造福区域或世界而进行联网，从而提供了利用各中心独特优势的机会。

关键词

OIE 合作中心；兽医机构效能提升程序；兽医机构；OIE。

引　言

OIE 合作中心旨在为 OIE 政策和优先事项提供专家知识方面的支持。在人们认识到兽医机构是致力于防止跨界动物疫病传播、保护公众健康免受人兽共患病影响和支持各国经济和社会发展的全球公益事业机构后，合作中心的作用变得更加重要。一些国家的兽医机构能力有限，这不仅威胁到全球牲畜、家禽、水生生物和野生生物的健康，也威胁到公共健康、社会稳定和经济福祉。OIE 的最高优先事项是强化兽医机构，因为兽医机构履行这些关键职能的能力参差不齐。OIE 合作中心是支持强化兽医机构的关键资源。

OIE 合作中心是扩展 OIE 能力的专业知识中心。合作中心充当研究、专业知识、技术标准化和专业知识传播的世界中心。合作中心在其指定的专业范围内向 OIE 及其成员提供各种服务。他们可提出促进国际标准协调的方法；进行科学研究；生成和传播信息；提供培训；组织会议。此外，OIE 鼓励合作中心与其他地区内为同一专业而设的其他合作中心建立网络。展望未来，随着 OIE 利用兽医机构效能工具来支持捐助方的战略投资，以加强全球兽医机构能力和效能，合作中心会变得更加重要。

OIE 合作中心的历史

OIE 在 20 世纪 90 年代初成立了首个合作中心，为 OIE 政策和优先事项提供专业知识方面的支持，与 OIE 建立的参考实验室（REL）相似之处在于，均研究与指定疫病或特定主题相关的所有科学和技术问题。但参考实验室认可个别技术专家和他们所属的实验室（通常是政府实验室），合作中心是以其专长而著称的机构。合作中心和参考实验室的另一个主要区别在于他们的关注点不同。参考实验室侧重于 OIE 关注的特定疫病；合作中心则侧重于疫病监测、预防和控制等方法，以及对兽医机构非常重要的各种能力（例如风险分析和动物福利）。

首个合作中心成立于 1991 年，主要致力于动物疫病诊断方法的应用，尤其是西非国家的动物疫病。合作中心最初位于法国迈松阿尔福，后来迁至法国蒙彼利埃。OIE 于 1992 年同意建立国际原子能机构（维也纳）提议的主要擅长免疫酶和分子诊断法的新中心（1996 年更名为 OIE 动物疫病诊断酶联免疫吸附试验和分子技术合作中心）。OIE 兽药注册特别工作组于 1992 年建议将法国富杰尔附近的 Centre National d'Etudes Veterinaires et Alimentaires（CNEVA）用作合作中心。该合作中心现为法国食品、环境和职业健康与安全机构内的兽药机构，该机构（当时是一个研究所）同意了将其用作合作中心的提议，且该提议在同年的 OIE 大会上获得通过。参考实验室和合作中心的任务和内部规则于 1993 年获得正式批准。与此同时，位于比勒陀利亚的南非农业研究理事会（Onderstepoort Veterinary Institute）也批准建立负责非洲动物疫病监测和控制的合作中心。

这些早期合作中心表明 OIE 承认相关专业知识在政府机构和政府间组织可以得到。

一些较新的合作中心通过纽带作用将一些大学和研究机构联系起来，使其达成伙伴关系。例如，瑞典国家兽医研究所和瑞典农业科学大学生物医学科学和兽医公共卫生系通过基于生物技术的兽医传染病诊断 OIE 合作中心建立起伙伴关系。其他合作中心也让不同国家的相关机构建立联系。例如，挪威国家兽医研究所和加拿大爱德华王子岛大学大西洋兽医学院水产健康科学中心通过水生动物疫病流行病学和风险评估 OIE 合作中心建立起伙伴关系。目前，OIE 共承认 44 个合作中心，其中 15 个在美洲地区，9 个在亚洲、远东和大洋洲，4 个在非洲，16 个在欧洲（表 1）。

表 1　按区域分列的当前（合并时）OIE 合作中心分布情况

美洲		
阿根廷	兽医机构的培训	1
加拿大	食源性人兽共患寄生虫 野生动物病原体的研究、诊断和监测（与美国合作） 水生动物疫病的流行病学和风险评估（与挪威合作）	2 (3) 4
智利	动物福利和牲畜生产系统（与乌拉圭和墨西哥合作）	5

（续）

美洲		
古巴	利用生物技术开发和生产疫苗、药品和兽医诊断系统 降低动物卫生中的灾害风险	6 7
墨西哥	动物福利和牲畜生产系统（与智利和乌拉圭合作）	(5)
美国	动物疫病监测系统、风险分析和流行病学建模 美洲动物疫病诊断和疫苗评估[1] 美洲动物疫病诊断和疫苗评估[2] 新型和再发人兽共患病 新型鸟类疫病的研究 兽医机构能力培养 兽药监管计划 野生动物病原体的研究、诊断和监测（与加拿大合作） 实验动物福利和科学	8 9 10 11 12 13 14 (3) 15
乌拉圭	动物福利和牲畜生产系统（与智利和墨西哥合作）	(5)
亚洲、远东和大洋洲		
澳大利亚	新型疫病 实验室能力培养 动物福利科学和生物伦理分析（与新西兰合作）	1 2 (3)
中国	亚太地区的人兽共患病	4
日本	动物原生动物疫病的监测和控制 食品安全性 动物饲料安全与分析 亚洲动物疫病的诊断和控制及相关兽医产品评估	5 6 7 8
新西兰	动物福利科学和生物伦理分析（与澳大利亚合作） 兽医流行病学和公共卫生	(3) 9
非洲		
埃塞俄比亚	兽用疫苗的质量控制	1
塞内加尔	培训兽医官，以及诊断热带非洲的传染性动物疫病和人兽共患病	2
南非	非洲动物疫病的监测和控制 牲畜和野生动物综合健康和管理培训	3 4
欧洲		
奥地利	酶联免疫吸附试验和分子技术在动物疫病诊断中的应用	1
比利时	欧洲猪水疱病诊断试验和疫苗的验证、质量评估和质量控制	2
丹麦	动物群落健康诊断和监测系统的研究和培训	3
法国	兽药产品 热带地区动物疫病的诊断、流行病学和控制 官方兽医的培训	4 5 6

（续）

欧洲		
德国	欧洲人兽共患病	7
意大利	兽医培训、流行病学、食品安全和动物福利 细胞培养物 流行病学、培训和控制新型禽类疫病 出现在动物/人类居住地交界处的疫病	8 9 10 11
挪威	水生动物疫病的流行病学和风险评估（与加拿大合作）	12
俄罗斯	东欧、中亚和外高加索动物疫病的诊断和控制 东欧、中亚和外高加索地区的食品安全、动物疫病诊断和控制	13 14
瑞典	基于生物技术的兽医传染病诊断	15
英国	水生动物疫病信息	16

注：虽然官方有 43 个 OIE 合作中心，但其中一个合作中心由加拿大和挪威的机构参与，因此将其计入美洲和欧洲的合作中心数量中。

扩大 OIE 合作中心在加强兽医机构方面的作用

OIE 兽医机构效能提升程序为合作中心提供了发挥更具战略性作用的机会。兽医机构效能提升程序用于对兽医机构整体效能进行系统评估。应用 PVS 工具的过程中，可将关键能力的当前效能水平与 5 个可能的进步水平进行比较。这一过程的起点是在 4 个基本组成部分（1. 人力、物力和财力；2. 技术权威和能力；3. 与相关方的互动；4. 市场准入）进行兽医机构基线效能评估。完成基线兽医机构效能评估后，可能会进行 PVS 差距分析，将 PVS 进步水平与国家战略目标进行比较，并确定加强效能的投资预算。随后是以该国最需要和最感兴趣的领域为目标，实施定制的能力培养、国际发展项目、特殊项目和具体项目。捐助方越来越关注兽医机构效能提升程序，实施该程序可将投资集中在列为优先事项的国家领导支持的特定能力领域。

合作中心提供了重要机制，OIE 可通过该机制支持能力建设和加强兽医机构能力。例如，合作中心可直接回应援助请求，以提高国家在核心能力（如风险分析和监管）方面的进步水平。或者，合作中心可编写培训材料或提供专业发展方案，任何感兴趣的国家均可利用这些材料或方案。合作中心必须提交的年度报告中详述了其所做的各种贡献。年度报告张贴在 OIE 的网站上以供审查（www.oie.int/our-scientific-expertise/collaborating-centres/annual-reports/）。这些年度报告详述了合作中心的活动，通过标准化格式介绍了 OIE 授权范围内的活动，这些活动涉及以下内容：进行研究、制定促进国际法规协调的程序、建立网络、向 OIE 派遣专家顾问、提供知识和技术培训、代表 OIE 组织科学会议、协调科学和技术研究以及出版和传播信息。

明尼苏达大学动物卫生和食品安全中心（CAHFS）是 OIE 的兽医服务能力培养合作中心，其对动物卫生和食品安全中心参与的一系列活动提出了深刻见解。动物卫生和食品安全中心是明尼苏达大学兽医学院的公共卫生服务单位。向政府机构和私营部门客户提供服务，包括州和联邦政府机构、私营部门/公司和其他大学。动物卫生和食品安全中心提供广泛的教育组合，例如允许兽医学生在获得兽医学位的同时获得公共卫生硕士学位，为政府、商界和学术界处于事业中期的专业人员提供公共卫生硕士行政学位，以及在兽医公共卫生和预防医学方面提供为期 2 年的研究生住院医师培训课程。这些项目的毕业生将入职政府机构、非营利组织和私营部门的高级兽医和公共卫生岗位。

动物卫生和食品安全中心还特别针对职业生涯早期和中期专业人员提供体验式教育和专业发展项目。“接触政府间组织”是一个为期 1 周的沉浸式项目，参与者将参观位于巴黎的 OIE 总部、日内瓦的世界卫生组织和世界贸易组织总部以及罗马的粮农组织。“应对全球重大挑战的领导力”和“全球全健康领导力”项目教授指导技能，同时向参与者传授实践经验，协助有关争议性议题的公开会议。“从农场到餐桌”研究项目向参与者介绍了世界各国的农业、粮食生产和监管方法。地方、国家和国际级公共政策课程提高了参与者利用科学知识为决策提供信息的效率。这些项目共同提高了兽医及其他从事日益复杂的动物卫生、公共卫生和食品安全方面的专业人员的影响力和工作效率。

动物卫生和食品安全中心还与政府机构、畜禽组织和私营部门/公司合作开展应用研究，以解决当前的动物和公共卫生问题。目前的研究涉及以下方面：牛结核病的监测策略评估、牛副结核病控制计划、鹿群慢性消耗性疫病风险管理、畜牧生产中的职业健康干预以及尽量降低猪肉生产中抗生素耐药性的风险。大部分研究直接与政策相关，如使用较好的风险评估来指导跨境动物疫病应急计划的制定，既控制疫病，又将对食品系统的意外负面影响降至最低。动物卫生和食品安全中心是促进应用研究公私伙伴关系的先驱。

OIE 合作中心（如动物卫生和食品安全中心）的工作逐渐侧重于壮大全世界的兽医机构（VS）。结对项目和建立网络是过去 10 年中 OIE 的两项举措，旨在利用合作中心的能力建立新的协同作用。2002 年，OIE 国际委员会（现称世界代表大会）通过了一项决议，鼓励参考实验室和合作中心与希望加强其效能的发展中国家和转型期国家的机构进行双边合作（即“结对”）。目前 70%以上的 OIE 成员是发展中国家或转型期国家，但大多数 OIE 参考实验室和合作中心主要位于北半球（特别是欧洲和北美）。结对概念的出现是为了支持希望提高其国家实验室和其他机构能力的国家。现有参考实验室或合作中心与发展中国家或转型期国家的对应机构结成“姐妹机构”，以实现具体目标。截至 2013 年 10 月，16 个 OIE 结对项目已完成，31 个正在进行当中，另有 9 个已获批准。

结对方案得到 2004 年成立的 OIE 世界动物卫生和福利基金（OIE 世界基金）的支持。OIE 世界基金的成立旨在支持控制动物疫病（包括影响人类的疫病）和促进动物福利和动物源食品安全的国际公共事业项目。OIE 世界基金根据捐助方确定的优先事项支持结对活动。迄今为止，捐助方包括了来自 10 个国家的政府机构、欧盟、比尔及梅林达·盖茨基金会以及四个政府间组织。

参考实验室与具备类似专业知识的合作中心进行联网，提供了利用各自独特优势的另一途径，共同造福世界。OIE 推动联网，并于 2011 通过了修订后的职权范围条款，供需要的参考实验室和合作中心参考。OIE 制定了进一步的指导方针和一系列建议，以鼓励建立更大的网络。已建立蓝舌病、口蹄疫和流感的网络。蓝舌病网络由来自 5 个 OIE 区域（非洲、美洲、亚洲、远东和大洋洲，以及欧洲）中 4 个区域的 5 个参考实验室和 3 个合作中心组成。OIE/联合国粮农组织（FAO）的动物流感专业知识网（OFFLU）由 9 个参考实验室和 2 个合作中心组成，实时汇编流感病毒株检测信息、主持会议并编制报告。值得注意的是，动物流感专业知识网已编制了一份动物物种流感研究优先事项的议程和一份动物流感监测和监控战略。

其他网络正在构建当中。例如，位于欧洲（法国和意大利）、非洲（塞内加尔）、北美（美国）和南美（阿根廷）的合作中心侧重于兽医机构能力培养，这些合作中心已通过多次会议来交流想法并寻找合作项目。这一网络在提供服务时均采用 OIE 所有官方语言（英语、西班牙语和法语）。主要人员参观了彼此的中心，并参与了彼此的方案，在两个能力培养中心，即 École National des Service Vétérinaires（现称 École Interne de VetAgro Sup）和动物卫生和食品安全中心之间创造出更多培训机会。

与兽医教育的关联

95 个 OIE 成员的兽医机构效能评估结果表明，需要加强兽医职业教育。2008 年，OIE 将兽医教育认定为国家兽医机构的重要支柱。2009 年 10 月举行的兽医培训机构院长和主任国际会议达成了一项协议，即可以为所有兽医制定基本课程。与会者讨论了改进培训内容和质量的机会，以确保“未来毕业生能在国际环境中工作，应用传染病监测和控制、兽医公共卫生、食品安全和动物福利的国际标准”。为了落实会议的建议，OIE 成立了兽医教育特别工作组，该工作组于 2012 年提出了兽医毕业生所需能力的建议，并于 2014 年制定了兽医示范课程。

2012 年，OIE 宣布启动以兽医毕业生工作能力（“Day 1 毕业生”）为重点的兽医教育结对方案，该方案成为兽医机构效能提升程序的组成部分。发展中国家的兽医机构与经认证的兽医机构结成姐妹机构，旨在提高与国家兽医机构相关的核心能力领域的兽医教育质量，国家兽医局也可以在 OIE 的牵头下参与结对方案。兽医教育结对项目是支持 OIE 兽医机构效能提升的又一个里程碑。这些结对举措的重点是改进课程和教学方法，以持续培养出有能力承担各个国家兽医机构国际责任的兽医毕业生。

美国明尼苏达大学（UMN）和泰国清迈大学（CMU）开展了首个 OIE 兽医教育结对项目。该项目建立在两所大学在公共卫生和“同一健康领导力”领域的既定伙伴关系基础上。该项目得到两个国家 OIE 代表的大力支持，并获得了补充资金机会，提高了 OIE 世界基金的投资回报。该项目由三部分组成：兽医课程、教师培训和学生交流。

每所大学的兽医课程可与 OIE 兽医教育核心课程指南和“OIE 兽医毕业生工作能力建议”（Day 1 毕业生）进行比较，以确保国家兽医服务的质量。这两所大学的教学人员正在优先解决现有差距，以便在已确定的最重要能力方面改进课程。与此同时，开展教学人员交换，以便更深入地探讨教授各种能力的方式，并探索合作研究的机会。计划举办教师教学方法研讨会，以便分享在教学和经验式教育方法中获得的经验。结对项目的第三个组成部分涉及兽医学生交换。由 10 名兽医学生组成的队伍（每所大学 5 名）将访问彼此的大学，参加最后一年的实践练习。学生还将与教师合作，分享他们如何获取核心技能以及他们认为哪种教学方法最有益。结对伙伴 UMN 和 CMU 希望在成功结对的基础上，与另一个机构联系，进一步加强兽医教育能力的培养。

总　结

合作中心扩大了 OIE 在加强兽医机构方面的专业知识和覆盖面，而 OIE 在总部和区域代表处的工作人员很少，合作中心通过各种不同的方案（包括教育、参考实验室和技术专长等方案）提高了 OIE 与成员联系的能力。自 20 世纪 90 年代初以来，合作中心的快速发展表明，政府机构、大学和政府间组织创造性地利用专业知识，努力实现强化全球兽医机构的共同目标。OIE 通过启动 OIE 世界基金和结对活动，支持全球兽医机构遵循兽医机构效能提升程序进行系统性的改进。兽医教育已成为国家兽医机构运行的关键。合作中心网络的扩大和兽医教育结对项目的启动有望为 OIE 成员带来更大的利益并提供全球公共产品，如预防跨界动物疫病的传播、保护公共健康免受人兽共患病的影响以及支持世界各国的经济和社会发展。

提高兽医法定机构的效能：OIE兽医立法协议方面的经验

N. Kauta & D. M. Sherman

摘　要

根据1958年《兽医法》成立的乌干达兽医委员会是乌干达的兽医法定机构。乌干达兽医委员会有权进行兽医注册、确定注册资格、禁止非注册个人执业并对注册兽医的不当行为进行处罚。但《兽医法》并未授权委员会针对注册兽医制定继续教育要求，或承认、注册和管理兽医辅助人员。鉴于这些原因，乌干达兽医委员会不符合OIE《陆生动物卫生法典》第3篇中规定的兽医法定机构国际标准。

为了解决这些不足，2004年起草了新的《兽医和准兽医从业者法案》。尽管经历了反复审查和重新起草，但该法案仍未颁布，乌干达兽医委员会仍缺乏符合国际标准的全部必要职能。2007年OIE对乌干达进行了兽医机构效能评估，2010年完成了OIE兽医法规鉴定任务，2011年完成了OIE PVS差距分析任务。通过这些评估和任务发现了乌干达兽医委员会在权力方面的现有制约因素，并建议审查《兽医和准兽医从业者法案》草案，以便进行修改和颁布。大约在同一时期，肯尼亚通过了一项新的《兽医和兽医辅助人员法案》(2011年)，乌干达发现这是一个机会，不仅可以审查自己现有的法案草案，还可以使其法案与肯尼亚的相一致。

2011年，OIE和乌干达达成了一项协议，根据该协议，OIE将向乌干达提供技术支持，其中为颁布《兽医和准兽医从业者法案》，对该法案进行了审查和修订。目标是确保乌干达兽医委员会拥有必要的权力和权限，从而达到兽医法定机构的OIE国际标准。本文将讨论与这一持续工作相关的问题和活动。

关键词

OIE标准；PVS差距分析；兽医法规；乌干达兽医法定机构；兽医和准兽医从业者法案；OIE。

引　言

目前乌干达兽医法规是否能实现现代化的根源在于OIE通过其兽医法规支持方案(VLSP)加强全球兽医法规的承诺，该方案是兽医机构效能评估程序的组成部分。自1982年以来，乌干达一直是OIE的成员，并赞同将动物检疫系统作为改善全球动物卫生、生产和福利的工具。

乌干达政府(GoU)认识到较好的兽医管理的社会经济重要性以及完善兽医法规在有效管理中的关键作用，决定借助OIE兽医法规支持方案提供的机会，启动对乌干达兽医法规的审查，使其符合 OIE 倡导的国际标准。

因此，乌干达请求 OIE 对该国的兽医机构进行效能评估。OIE 于 2007 年对乌干达进行兽医机构效能评估。兽医机构效能评估团的一个非常重要的发现是，尽管主管兽医部门积极到位，但乌干达兽医服务仍存在水平较低、技术人员不足、基础设施不足、资金不足和兽医法规基本过时（需要与 OIE 准则和标准相协调）的短板。

根据兽医机构效能评估的结果，乌干达请求 OIE 进一步评估乌干达的兽医法规。2010 年完成了 OIE 兽医法规鉴定任务。此外，乌干达请求 OIE 对兽医机构进行 PVS 差距分析。这一分析于 2011 年完成。

所有评估团均发现了乌干达兽医法规的主要制约因素。更具体地说，所有评估团发现了 1958 年《兽医法》规定的兽医法定机构权力方面的现有制约因素，也发现了当前《兽医和准兽医从业者法案》草案的制约因素，该法案旨在取代 1958 年的《兽医法》。

本报告重点介绍了 OIE 评估团的调查结果，以及随后为使乌干达兽医法规符合 OIE 标准而做出的努力。

乌干达兽医法规改革方案

2010 年 10 月访问乌干达的 OIE 评估团重点关注了与以下四个关键领域相关的兽医法规：动物卫生和疫病控制、兽医职业管理、屠宰时食品安全和动物福利、兽药和生物制剂（药品和疫苗）管理。

动物卫生和疫病控制方面的法规

评估团发现，动物卫生和疫病控制方面兽医法规的最大缺陷是与开展以下工作的能力不足有关：

-被动监测目前列出的疫病和目前没有列入《动物疫病法》的一些重要疫病（如裂谷热）；

-积极监测《动物疫病法》所列疫病（如口蹄疫）；

-执行和加强动物及动物产品的标识和可追溯性管理；

-在宣布的疫区边界实施牲畜流动控制，以确保乌干达边界安全，并为建立疫病控制区或无疫病区提供健全的法律基础，这对这些区域牲畜和动物产品出口来说是一种可靠的支持。

评估得出以下建议：

-兽医机构和利益相关者的目标和责任可通过整合动物卫生和疫病控制法规来明确。

-相关法规中的定义应尽可能一致，以便执行和实施。

-《动物卫生综合法案》可纳入许多特殊目的的补充法案，鉴于其特殊性，这些法案的功能有限。

-采用一个根据 OIE 指南原则制定的综合法案，也可解决 2007 年兽医机构效能评估报告提到的法规普遍过时的问题。

兽医职业管理方面的法规

发现兽医职业管理法规存在以下缺陷：

-兽医实践没有界定，需要适当的定义和明确的界定范围。

-缺乏面向兽医辅助人员的指南，包括培训、责任、监督和他们应持有的证书。

-侧重于私营执业者，很少提及公共部门的兽医。

-《兽医和准兽医从业者法案》草案没有授权兽医法定机构制定针对注册兽医继续教育的要求，或者承认、注册和管理兽医辅助人员。

-法案/主要法律没有配套条例。此类二级法规将有助于详述以下内容：

兽医专业人员和辅助人员所需的最低能力；

培训机构为满足特定专业学科的资格要求而必须达到的最低标准。

-未明确定义持续职业发展。在缺乏定义的情况下，可随意确定有效持续专业发展的组成部分。

-缺乏明确的兽医标准，也缺乏注册标准。

鉴于这些原因，乌干达兽医法定机构不符合 OIE《陆生动物卫生法典》第 3.4 章规定的兽医法定机构国际标准。

根据这些意见，OIE 评估团建议审查《兽医和准兽医从业者法案》，以确保这些问题得到充分解决。另外，OIE 评估团还建议于考虑乌干达社区动物卫生工作者（CAHW）的作用。如果将社区动物卫生工作者确认为兽医辅助人员，则应制定最低能力标准，并对工作进行适当的管理，以便为国家带来更大的利益。

屠宰时食品安全和动物福利方面的法规

评估团认为在法律权力和责任方面存在模糊性和不确定性，加上缺乏明确的动物产品检查和安全报告的指挥链，限制了屠宰和食品加工部门兽医监管职能的有效性。未能达到 OIE 标准会带来两个主要影响。重要的是，国家没有履行其提供公共卫生保障的责任。此外，屠宰老龄牛可以为动物疫病监测系统提供宝贵的疫病信息。由于乌干达主要依赖被动监测，这种投入的缺失严重削弱了疫病监测能力。这一缺陷也严重影响了为促进牛肉出口而建立的确定疫病状态区域的提议。

根据这些意见，评估团建议：

-乌干达政府对立法文书进行审查和改革，以阐明屠宰和肉类加工环节检查的法律责任、权力和权限。理想情况下，应制定涵盖所有物种和动物源性食品的法规。

-运输和屠宰期间动物福利基本法规应与肉类检验相关法规协调制定，特别要注意运输和屠宰期间应如何处理牲畜。

兽药和生物制剂管理方面的法规

兽药和生物制剂管理方面的缺陷与药物管理的法律权力有关，该法律权力由乌干达药品管理局授予卫生部（MoH）。但兽药和兽用生物产品的监管权限归农业、畜牧业和渔业部。评估团认为：

-卫生部和农业、畜牧业和渔业部之间的密切合作是根据现行法律对乌干达兽药进行适当监管的关键所在。

-《国家兽药政策》（2002 年 11 月）概述了加强兽药管理的战略，并可作为制定配套法规的坚实基础。

评估团的其他意见和建议

如 OIE 评估团的报告所述，从访问期间进行的讨论中可明显看出，乌干达农业、畜牧业和渔业部的高级人员承认需要实现兽医法规的现代化，为有效的兽医机构提供框架，目前的法规需要进行重大修订，以符合国际标准。还要注意的是，现有政策文件为畜牧业和兽医机构的未来发展提供了良好的方向。

OIE 评估团认为，乌干达有兴趣、有能力、有经验、有动力对兽医法规进行有意义的改革。OIE 根据《兽医法规协议》一直参与改革，这有助于促进和加快改革进程。随着法规改革进程的推进，该协议将允许 OIE 提供有关国际标准的专业知识。

根据协议框架确定具体的法规目标。OIE 将派遣专家定期访问乌干达，通过与乌干达农业、畜牧业和渔业部合作，落实这些目标，并监督实施进度。

OIE 评估团认为，OIE 和乌干达政府之间的协议可为实现乌干达兽医法规改革以符合国际标准做出重大贡献。他们还建议：

-在农业、畜牧业和渔业部内设一个具体的秘书处或工作组，由包括法律部门在内的其他相关政府机构代表组成，作为实现可持续法规改革的一个关键步骤。

-建立可供检索的现行法规电子数据库，并建立用于定期审查和更新法规的制度。

-除了阐明和加强立法基础外，乌干达政府还解决了动物产品检查和安全报告的指挥链中的缺陷，包括招聘兽医和兽医辅助人员，提供基本的兽医基础设施，以实施符合 OIE 标准的方案。

向 OIE 表示有兴趣

根据 OIE 评估团的调查结果和建议，乌干达政府向 OIE 表示有兴趣签署一项技术支持协议，使乌干达兽医法规更加符合 OIE 标准和准则。OIE 做出了积极的反应，于 2011 年 10 月挑选出一名兽医法规专家与乌干达合作。

协议订立流程

这一流程分为两个阶段——筹备阶段和实施阶段（直接审查法规）。

在 OIE 专家的指导下，筹备阶段于 2011 年 10 月 24 日启动，目标是为兽医法规审查创建有利环境和良好的平台。

筹备阶段的任务是设计项目，包括以下具体内容：

-法规将支持的战略目标；

-受益机构将采取的行政和业务安排；

-法规工作组的组成及其职能；

-协议有效期内的工作计划；

-说明监测项目实施情况的基准；

-工作计划和预算；

-项目官员的委任书。

筹备阶段详细业务框架要点如下。

总体战略目标

通过法规审查和改革流程，提供有利的监管框架，推动有效、高效和可持续的动物疫病控制，改善动物卫生，增加粮食产量，确保食品安全，以满足国内、区域和国际市场及贸易伙伴的需求和要求。

具体目标

审查兽医领域的所有现行法律，并评估当前兽医法规与 OIE《法规任务报告》《兽医法规指南》和《陆生动物卫生法典》第 3.4 章之间的优劣和差距。根据评估结果，对新的《动物卫生综合法案》或涉及兽医领域特定方面的单独法案的适当框架和主题提出详细建议，以尽量符合国家/地区的要求和 OIE 的标准和准则。

根据区域工作审查《兽医和准兽医从业者法案》，使其符合兽医法规的准则和标准。

确定二级法规中需要填补的空白，以便有效执行兽医领域的现行法律。值得注意的是，自 20 世纪 50 年代以来生效的一些法律从未颁布任何相关的二级法规来支持其实施和执行。根据这项工作确定的优先事项，对有待起草的具体法规提出建议。这个目标直接关系到如何提高兽医法定机构的效能（即本文主题）。下文具体涉及与乌干达兽医法定机构有关的拟议步骤。

1958 年《兽医法》和《兽医和准兽医从业者法案》

根据 1958 年《兽医法》成立的乌干达兽医委员会是乌干达的兽医法定机构。乌干达兽医委员会有权进行兽医注册、确定注册资格、禁止非注册个人执业并对注册兽医的不当行为进行处罚。《兽医法》没有授权委员会针对注册兽医制定继续教育要求，或承认、注册和管理兽医辅助人员。鉴于这些原因，乌干达兽医委员会不符合 OIE《陆生动物卫生法典》第 3.4 章中规定的兽医法定机构国际标准。

为了解决这些不足，2004 年起草了新的《兽医和准兽医从业者法案》。尽管经历了反复审查和重新起草，但该法案仍未颁布，乌干达兽医委员会仍缺乏符合国际标准的全部必要职能。通过 2007 年在乌干达进行的 OIE 兽医机构效能评估、2010 年完成的 OIE 兽医法规鉴定和 2011 年完成的 OIE 兽医法规差距分析，发现了乌干达兽医委员会在权力方面的现有制约因素，并建议对《兽医和准兽医从业者法案》草案进行审查，以便修改和颁布。大约在同一时期，肯尼亚正通过一项新的《兽医和兽医辅助人员法案》（2011 年），乌干达发现这是一个机会，不仅可以审查自己的法案草案，还可以使其法案与肯尼亚的相一致。

OIE 和乌干达达成了一项协议，根据该协议，OIE 将向乌干达提供技术支持，其中为颁布《兽医和准兽医从业者法案》，对该法案进行了审查和修订。目标是确保乌干达兽医委员会拥有必要的权力和权限，从而达到兽医法定机构的 OIE 国际标准。

乌干达和 OIE 之间协议的总体结构

该协议的关键要素如下：

受益机构将采取的行政和业务安排

该协议详细规定了改革方案的行政和业务安排。双方同意成立一个由 13 名主要成员组成的法规工作组（LWG），成员会定期举行会议。成员中至少有 1 名（最好 2 名）司法和宪法事务部法规改革委员会的代表。此外，有一个由大约 30 名利益相关方代表组成的指定小组，负责评估进度。其目标是让这些利益相关方定期参加法规组的工作，但不需要出席所有会议。他们参加的会议多讨论与其利益群体相关的问题。

法规工作组的职能

法规工作组的职能详述如下：

-收集分散在各部门以及乌干达《刑法典》中的所有与兽医相关的法规，将其记录在案，并以电子和硬拷贝形式提供。

-整理和分析当前兽医法规，指出农业部门和宏观经济政策的优缺点。

-评估当前法规与 OIE《法规任务报告》和 OIE《陆生动物卫生法典》第 3.4 章有关的兽医法规的优劣和差距。

-根据上述分析，就新的《动物卫生综合法案》或涉及兽医领域特定方面的单独法案的适当框架和主题提出详细建议，以尽量符合国家/地区要求，并提高与 OIE 标准和准则的一致性。如果认为适当，单独法案可能涉及一般动物卫生、疫病控制、兽医公共卫生、动物福利、食品安全和兽药管理。乌干达已采取了标准化和统一的卫生与植物检疫（SPS）措施，不久将签署一项实施这些措施的草案。在进行法规改革时，政府机关应考虑到区域倡议。

-根据区域工作审查《兽医和准兽医从业者法案》，使其符合兽医法规的准则和标准。

-确定二级法规中需要填补的空白，以便有效执行兽医领域的现行法律。根据这项工作确定的优先事项，对有待起草的具体法规提出建议。

-向以下对象进行介绍：

- 在法规工作组内部；
- 大约由 30 个主要利益相关方组成的更大的团体；
- 国内、区域和特定利益集团；
- 国家利益相关团体；
- 兽医机构的高级管理人员。

-在以下情况下提供支持：

- 部长向内阁介绍情况；
- 部长向负责兽医机构的议会委员会介绍情况；
- 部长在国会全体会议上介绍情况；
- 刊登已批准的主要法律和二级法规。

利益相关方参与

为确保咨询机构充分反映利益相关方在兽医领域的广泛利益，以下各机构将在讨论和制定与其特定利益相关的法案时派出代表：

-农业、畜牧业和渔业部的议会委员会；

-总理办公室（政府事务、方案协调和监测）；

-司法和宪法事务部；

-财政和经济规划（强制性和战略性活动的计划和筹资）；

-乌干达海关（管理边境贸易和货物流动）；

-地方政府（政府方案和活动的主要执行者）；

-卫生部（公共卫生和药物管理）；

-安全部（警察）；

-国防部（其他武装部队）；

-贸易和工业部（贸易发展和产品质量/安全）；

-旅游部（野生动物管理）；

-乌干达兽医协会（UVA）；

-乌干达准兽医协会（PVAU）；

-乳制品开发机构；

-科研组织；
-学术界；
-乌干达全国农民联合会；
-环境和消费者团体；
-公众；
-前兽医管理局的元老；
-牛奶生产商；
-肉类生产商；
-家禽生产商；
-蜂蜜生产商；
-牧民；
-集约化和小农户养殖者；
-商业动物饲养者；
-防止虐待动物协会；
-动物贸易商、屠宰场经营者、动物产品加工者、运输者。

协议有效期内的工作计划

制定了为期 1 年的工作方案，持续到整个协议有效期结束。

说明了监测项目实施情况的基准和项目官员的委任书，以便授权个人采取必要行动来启动和管理该项目。

签署协议

筹备阶段圆满结束后，签署了一项协议，内容包括由指定的 OIE 专家进行实地访问，并就工作计划达成共识。该协议规定的参与期限为 1 年，可延长至 2 年。在 OIE 非洲代表参与会议期间，在多哥洛美举行了签署仪式。

经验教训

-在 OIE 根据兽医机构效能提升程序（特别是在 OIE 兽医法规支持方案下）实施能力培养之前，乌干达对兽医法规重要性和必要性的理解非常有限。

-在 OIE 参与之前，农业、畜牧业和渔业部的大多数工作人员不知道应采取什么措施来影响法规改革或立法进程。

现　　状

虽然获悉筹备阶段已完成且签署了开展法规审查的协议，但由于缺乏政府资金，乌干达尚未开始正式执行协议中的工作方案。尽管如此，兽医管理局仍确信资金将很快到位，并且这项工作将会开展。

致　　谢

乌干达感谢 OIE 迄今为止对咨询服务的支持，并致力于完成这项工作。

网上培训如何加强兽医教育？

J. A. Roth, M. V. Lenardon & J. Galyon

摘　要

在线学习让全世界的兽医均能接受教育，并提供标准化教育的机会，以符合 OIE 的准则。在美国，兽医专业学生通过一门名为“新型和外来动物疫病”的在线课程来了解跨界动物疫病，这也是成为“美国农业部（USDA）认证兽医”需要完成的其中一项培训，该课程确保美国各地的兽医专业学生能接受到这方面的标准化教育。该课程也适用于兽医继续教育。美国农业部资助了该课程西班牙语版的开发和初步交付。该课程已在智利、哥斯达黎加、多米尼加共和国、萨尔瓦多、危地马拉、墨西哥、巴拿马和秘鲁使用，但未来继续开展课程需要资金支持。

在美国，如果要一直成为农业部认证的兽医，则必须完成补充培训。在美国农业部的资助下，许多资源已被翻译成西班牙语，可下载供培训使用，也可进行编辑以更好地满足美洲的特定培训需求。截至 2013 年 4 月，15 门西班牙语资格认证课程的月下载量达 1 500 次左右。其他资源（可在 www. cfsph. iastate. edu 上查阅）涵盖跨界动物疫病的技术情况说明书、公众信息、带注释的疫病图像、感染控制信息和应急资源。

动物生物制品国际合作研究所（IICAB）希望利用大量投资来开发这些在线资源，方法是翻译这些原始英语材料，并将其广泛用于美洲和其他地区的教育。我们希望与其他组织合作，开发和提供兽医教育材料，以提升美洲和其他地区的“Day 1 毕业生工作能力”和专业兽医机构。

关 键 词

Day 1 毕业生工作能力；互联网教育；国际标准；在线学习；专业兽医机构；跨界动物疫病；美国农业部认证。

引　言

动物疫病降低生产力，威胁粮食安全，并可能影响人类健康。兽医奋战在地方病、再发疫病和新型疫病的第一线。对他们的培训和继续教育进行投资，是确保预防和控制方案有效用于粮食安全和公共卫生的关键。向全球兽医提供培训和继续教育的一种方式是通过全面的互联网平台。这种方法的优势包括能根据国际标准（如 OIE Day 1 毕业生 工作能力）开发和提供教育，以经济高效的方式支持全球兽医学院和国家兽医机构。

重 要 性

不同地区，特别是发达国家和发展中国家之间的兽医培训迥然不同。OIE 强调，提高兽医机构的效能（利用兽医机构效能提升程序）是公共投资的优先事项，国家兽医机构属于一项“全球公益事业”，因为它的活动加强了动物卫生、食品安全和公共卫生。OIE 一直致力于通过各种方法提高兽医机构的效能。OIE 兽医机构效能评估工具（OIE 兽医机构效能评估工具——与美洲农业合作协会合作开发）现用于协助兽医机构来衡量其当前的效能水平，找出与国际标准所述的薄弱环节，并确定改进重点。目前已经完成了超过 115 项评估。

OIE 制定了《兽医立法指南》，该指南现已成为 OIE《陆生法典》标准的一部分。2012 年制定了关于兽医专业毕业生工作能力要求（“Day 1 毕业生要求”）的建议，2013 年 5 月发布了《兽医教育核心课程指南》。2012 年，OIE 发布了《兽医教育结对项目指南》，以促进兽医教育机构之间的知识和经验交流。兽医法定机构的标准见 OIE《陆生法典》，兽医法定机构结对指南正在制定中。此外，一些 OIE 合作中心开始专注于兽医教育。OIE 举行了 3 次全球兽医教育研讨会，第 3 次是于 2013 年 12 月在巴西举行，研讨会的重点是关于兽医法定机构的教育和作用。这些研讨会讨论了基于 OIE 的标准和指南更好地协调全球兽医教育的必要性，以及加强兽医法定机构在监管兽医和兽医辅助人员中的作用，以确保其质量和道德的必要性。目前正在采取若干举措，促进兽医教育的区域协调，但有所进展仍需时间。

实际上已经有许多特殊的资源，非常有利于兽医和政府机构对抗动物疫病的影响，以及兽医机构培养下一代兽医，通过互联网使这些资源更广泛地得到利用；可以开发区域特异性资源，设计新的资源，以满足不同区域和国家的动物卫生和教育结构的实际情况。这些资源也可以用于面授培训。

互联网平台

互联网教育平台目前已成功使用，并提供了多种语言版本。

泛美卫生组织（PAHO）正在利用互联网平台提供公共卫生教育资源。公共卫生虚拟校园（www. campusvirtualsp. org）是一个由个人、机构和组织组成，共享课程、资源、服务和活动的网络，以提高从业者的技能和改进公共卫生实践。虚拟校园于 2003 年由 13 家伙伴机构签署谅解备忘录而推出。今天，已有超过 140 家机构加入了虚拟校园。虚拟校园得到了泛美卫生组织、全球卫生人力联盟、加拿大国际开发署（ACDI）、西班牙国际合作与发展署（AECID）和古巴卫生网络（INFOMED）的支持。有些材料是免费提供给任何连接到该网络的人，有一些课程需要使用者的代码，并与教育机构或国家公共卫生组织联合提供。

在兽医领域，动物生物制品国际合作研究所（动物生物制品国际合作研究所——一家爱荷华州立大学兽医学院 OIE 合作中心）开发了一门名为“新出现和外来动物疫病”的在线课程。在美国，美国农业部提供了支持，使所有兽医专业学生都能学习这门课程，以了解跨界动物疫病，并作为“美国农业部认证兽医”所需培训的一部分。该课程确保美国各地的兽医专业学生接受这方面的标准化教育。该课程也用于执业兽医的继续教育。该课程涉及许多 OIE Day 1 毕业生工作能力。美国农业部为该课程西班牙语版的开发和该课程西班牙语版在南美洲的 β 测试* 提供了资金。2012—2013 年，美国农业部和国际区域农业卫生组织

* β 测试是指对上线之后的软件版本进行测试，有时也称公测。——译者注

（OIRSA）提供了资金，以便该课程能够在 OIRSA 成员中推行。该课程面向智利、哥斯达黎加、多米尼加共和国、萨尔瓦多、危地马拉、墨西哥、巴拿马和秘鲁的兽医专业学生、政府官员和执业兽医，但需要一项可持续计划来继续在这些国家和其他国家提供该课程，并在未来开发更多的教育资源。

在美国，兽医必须完成补充培训，以保留其美国农业部认证资格。动物生物制品国际合作研究所与美国农业部合作为美国兽医开发了 21 门认可课程，这些课程可以通过网络、CD 或印刷品获得，或者由美国农业部专家在全国研讨会上提供。其中 15 门课程已翻译成西班牙语版，可以免费下载用于教育目的，也可以根据个别国家的需要和要求进行修改。这些课程目前每月下载次数约为 1 500 次。这些课程涵盖了诸如联邦机构的作用和健康证明；外来动物疫病、可报告疫病和美国正在努力根除的疫病；动物的国际国内运输、疫病预防；兽医个人防护设备；抗生素的使用等主题；以及针对诸如水疱病和外来禽病等特定疫病的课程。

食品安全与公共卫生中心（CFSPH）（www. cfsph. iastate. edu）的其他资源包括关于跨界动物疫病的技术情况说明书、公众信息、带注释的疫病图像、感染控制信息和应急资源。动物生物制品国际合作研究所是食品安全与公共卫生中心的一部分，其目标是提供关于跨界动物疫病、人兽共患疫病的准确信息、感染控制工具以及准备用于应对动物突发事件的资源。2012 年，IICAB-CFSPH 网站获得了 2 500 万点击量，其中有 60%来自美国境外，该网站的西班牙语版本包括 108 份技术情况说明书、公众信息、感染控制资源以及认可和认证教材。IICAB/CFSPH 资源开发大约投入了 600 万美元，其中有 60 万美元是用于将资源翻译成西班牙语版。

标准化兽医教育平台的开发

感兴趣的机构、政府和个人可以共同合作开发和推出一个教育平台，提供与 OIE 兽医教育、国家兽医机构和兽医立法标准有关的资源。合作伙伴应同意共享在线学习平台上开发的资源，并开发新资源来满足特定需求。最初，该平台的资源可以基于 OIE 的 DAY 1 毕业生工作能力，并以英语和西班牙语版本提供给兽医学院。如果资金允许，还可以将它们翻译成法语和其他语言。这些资源还将用于执业兽医或进入政府部门的人员的继续教育。更多的技术信息被开发并提供给了研究人员和诊断专家，而为兽医技术人员和兽医辅助人员开发的技术信息较少。虽然目前一些资源正在交付，但还需要更多的合作伙伴和资金来开展大量工作，以充分实施教育和宣传活动，并广泛分配资源。目的是获得足够的财政支持，以便资源能够以最低的成本提供给教育机构和用于继续教育，从而鼓励广泛采用这些资源。

由于美洲地区的常用语言为英语和西班牙语，而该平台提供的资源多为英语和西班牙语版本，因此该平台可以在美洲地区推出。鉴于家畜数量和对动物蛋白的需求日益增长，以及食品安全和公共卫生的，投资改善拉丁美洲官方兽医机构的经济效益相当高。

但是，这些资源也适用于非洲、亚洲和其他地区。当前资源的英语版本可以被快速使用；同时，每个区域的专家可以对资源内容加以修改和改编，以满足其国家的实际情况，从而促进平台的广泛使用。

结　论

互联网为 OIE 成员提供了一个途经，使其有效地对兽医专业学生和兽医进行符合 OIE 标准的培训。需要对培训进行有组织的投资，以改善美洲和其他地方的公共兽医机构和兽医教育。互联网平台将使教育机构和专业兽医机构能够使用这些资源来培训兽医以达到 OIE 标准。在美洲，许多组织以不同的身份致力于改善动物卫生和兽医教育。投资的一个长期结果是，该区域各国政府、兽医学院和兽医协会通力合作，为兽医学院制定认证方案，为兽医从业人员提供继续教育，并完善各国关于专业兽医机构的法律以及关于动物卫生和福利的一般法律。

兽医教育机构网络如何提高教育质量：地中海兽医教育机构网络（REEV-Med）示例

N. Tligui，A. L. Parodi，R. Bouguedour & V. Brioudes

摘　要

兽医行业涉及面广，担当了多项重任。它需要监督动物卫生、食品安全、动物福利和环境保护以及保护人类健康。在很大程度上，贸易全球化导致了近几十年发生的健康危机，揭示或强调了兽医行业在建立全球新发和再发人类疫病（主要源于动物）预警和控制系统方面的重要作用。因此，确保整个兽医行业公共和私营部门符合最高标准能力至关重要。无论在哪里进行培训，获得这种技能都需要各级优质教育：本科、研究生和继续教育。

这促使了地中海兽医教育机构网络的建立。地中海兽医教育机构网络符合 OIE 全球兽医教育研讨会的建议。

地中海兽医教育机构网络的目标是：

-根据国际标准和 OIE 兽医教育核心课程指南，建立地中海地区兽医课程的统一和标准化程序；

-确保地中海兽医教育机构网络按照国际（主要是欧洲）程序进行过程评估，以便按照 OIE 控制动物疫病（包括人兽共患病）的国际标准，培训出公共和私营部门的合格兽医；

-促进信息、教育经验和研究成果的交流，并促进地中海兽医教育机构网络成员之间以及他们与世界其他地区机构之间的教职员工和学生交流。地中海兽医教育机构网络将加入 OIE 结对体系；

-促进各级兽医教育材料的开发和分发：本科、研究生和继续教育。

地中海兽医教育机构网络目前由来自地中海国家的 15 个兽医教育机构组成，2014 年，它将着手评估其中一些机构的课程。

关 键 词

地中海；网络；地中海兽医教育机构网络；兽医教育。

地中海兽医教育机构网络的历史和建立

2010 年 10 月 7—8 日，在法国阿尔夫尔国立兽医学校（ENVA）举办的一次研习会上，地中海兽医教育联盟的成立获得通过。会议由 TAIEX 办事处（欧盟委员会扩大总司管理的技术援助和信息交流机构）主持，来自 20 个地中海国家的学术科研人员和行政代表出席了研习会，会上任命了一个监督委员会。

在 2012 年 3 月 15—16 日于西班牙科尔多瓦举行的会议上，监督委员会在 OIE、欧洲兽医教育机构协会（EAEVE）和欧洲兽医联合会（FVE）代表出席的情况下，决定建立地中海兽医教育机构网络（REEV-Med）。

2012 年 9 月 27—28 日，在摩洛哥拉巴特的哈桑二世农学和兽医学院（IAV）举行了地中海兽医教育机构网络组织大会。来自阿尔及利亚、埃及、法国、希腊、意大利、摩洛哥和突尼斯的 12 所兽医教育机构约 50 名代表出席了大会。大会通过了地中海兽医教育机构网络法规，规定在该区域建立地中海兽医教育机构网络的教育标准和认证程序。

大会还选举了地中海兽医教育机构网络主席团和执行委员会的成员。北非 OIE 次区域代表处设在突尼斯共和国突尼斯市，是地中海兽医教育机构网络的常设秘书处。

第二届大会于 2013 年 9 月 19 日在意大利布雷西亚举行。来自 13 个国家（阿尔巴尼亚、阿尔及利亚、波斯尼亚和黑塞哥维那、克罗地亚、埃及、法国、希腊、意大利、摩洛哥、塞尔维亚、斯洛文尼亚、突尼斯和土耳其）19 所兽医教育机构的 25 名代表出席了大会。大会开始之前，向意大利 13 个兽医学院的院长们介绍了地中海兽医教育机构网络。

地中海兽医教育机构网络的目标

根据组织大会的规定，地中海兽医教育机构网络的目标是：

-根据国际标准和 OIE 兽医教育指南，在地中海地区建立兽医课程标准化和认证过程。

-确保地中海兽医教育机构网络按照国际（主要是欧洲）程序进行过程评估，以便按照 OIE 控制动物疫病（包括人兽共患病）的国际标准，培训公共和私营部门的合格兽医。为此，欧洲兽医教育机构协会根据其 2013 年 3 月 14 日和 15 日在意大利帕多瓦举行的大会的建议，对地中海兽医教育机构网络的首次咨询评估提供支持。选择这种简易现场访问体系是因为它更快捷、更便宜。在这一体系下，正在接受评估的兽医机构必须编写一份自我评估报告，随后由两名专家和一名欧洲兽医教育机构协会工作人员进行为期 2 天的现场评估。评估工作团的成本（3 000 欧元）和两名专家的差旅费和生活费由接受评估的机构承担。接受评估的兽医机构的教师、学生和全体员工都参与这一过程。地中海兽医教育机构网络于 2014 年起开展了一项对来自地中海国家的兽医教育机构进行评估并排名的活动。埃及开罗、摩洛哥拉巴特和突尼斯共和国突尼斯市的兽医教育机构已表示希望在今年进行这一评估。

-促进信息、教育经验和研究成果交流，促进地中海兽医教育机构网络之间及其与世界其他地区机构之间的教职工和学生交流。地中海兽医教育机构网络将加入 OIE 结对体系。

-开发和分发用于各级兽医教育的教材：本科、研究生和继续教育。

地中海兽医教育机构网络：兽医教育协调和认证举措

地中海兽医教育机构网络是地中海地区兽医教育标准化行动的一部分。通过确保在其成员机构中培训的所有兽医获得高质量的技能，地中海兽医教育机构网络希望为加强动物卫生和贸易管制以及促进兽医公共卫生做出贡献。作为全球兽医机构能力建设计划的一部分，地中海兽医教育机构网络还参与了 OIE 兽医机构效能提升路径。尤其是，培训期限有待标准化。

这种协调费时费力，因为它必须考虑各国之间在社会、人口、文化、经济和职业方面的差异。

解决办法在于兽医教育机构愿意在这一动中发挥积极作用，然而他们必须说服监管当局相信这一点。要做到这一点，他们必须强调地中海地区生产体系和市场之间存在的趋同性，以及共同的动物卫生风险。OIE 致力于地中海兽医机构网络工作，既关注利益攸关的重要问题，也验证地中海兽医机构网络方式的有效性。

第 4 部分
OIE工具的实施

主席：Benedito Fortes de Arruda，巴西联邦兽医委员会主席

兽医法定机构的效能：美洲的现状和演变

G. Marques & V. Saraiva

摘　要

在巴西，兽医作为一种职业，它的历史始于1917年首批兽医毕业生，但直到1933年总统令承认其为一种职业才得以受到监管。当时，兽医在社会中的作用仅限于动物卫生、食品检验和宠物护理，并由农业部监管，农业部有权监督其专业绩效和相关活动的标准。

巴西兽医法定机构由一个联邦委员会和27个地区办事处组成，于1968年根据赋予兽医行业自我监管权力的第5.517号法律成立。同年下半年，畜牧兽医实践也纳入同一条例。

世界兽医机构的管理与国家兽医法定机构的作用和有效运作以及兽医教育的质量有着内在的联系。根据OIE标准，兽医法定机构需要一个适当的法律框架，赋予其权力、自主权和独立性，以履行职能。在巴西，兽医法定机构与兽医学校以及官方和私营兽医部门的机构合作，目的是确保兽医专业人员素养符合当代社会的需求，同时考虑到公共卫生和食品安全、动物卫生和福利以及国际贸易的要求。

为了完成其使命，国家兽医机构需要熟练的专业人员，而且必须商讨所需兽医课程。这些专业人员将加强该体系提供优质服务的能力，对动物和人类健康以及动物源性产品的国际贸易产生积极影响。

关 键 词

巴西兽医法定机构；OIE标准；兽医教育；OIE。

吉尔吉斯斯坦建立兽医法定机构的经验

Z. Dadybaev，K. A. Mamatkulov & R. E. Tashbaeva

摘　要

2007 年，吉尔吉斯斯坦政府邀请 OIE 专家对吉尔吉斯斯坦兽医机构（VS）进行评估，并提出了改进建议。

OIE 专家的建议为吉尔吉斯斯坦 2008—2012 年兽医机构建立战略计划奠定了基础。政府批准了该项计划（2008 年 2 月 25 日第 62 号）。

该项战略计划规定，需建立一个独立机构来管理兽医和兽医辅助人员。

2011 年，农业部组织了一次创始人会议，并决定成立兽医协会，这是一个独立机构，主要目标是组织和开展筹备工作，以建立一个符合 OIE《陆生动物卫生法典》中定义的兽医法定机构。

兽医协会活动的经费已列入世界银行农业投资和服务项目的预算。

为了实现目标，兽医协会开展了以下活动：

-开展宣传运动，解释兽医法定机构的作用；

-在 OIE 专家的协助下，建立了兽医法定机构正常运作的法律框架；

-制定了《兽医道德准则》草案；

-建立了兽医协会互联网网站；

-建立了兽医和兽医辅助人员数据库。

在这项工作中，有必要考虑以下问题：

-是否应该要求公共部门兽医在兽医法定机构注册？

-《兽医道德准则》和《职业行为准则》有何区别？

-兽医协会是否是国家兽医系统的一部分？

在本文中，作者将讨论这些问题，并分享他们的经验、愿景和想法。作者相信，他们在建立兽医法定机构方面的经验对经济处于“转型期”，尚未设立且有兴趣按照 OIE 的建议设立兽医法定机构的国家很有用。

关 键 词

吉尔吉斯斯坦；OIE 兽医法定机构标准；兽医法定机构；兽医协会；OIE。

引　言

OIE 已经认识到，所有尚未建立独立兽医法定机构的成员都有必要建立这样一个机构，以负责监督该国从业兽医的质量和专业行为。一个有效的兽医法定机构有助于制定执业许可和教育（基础教育和继续教育）的标准，并对不符合兽医行业许可要求的情况予以纪律处分，以确保兽医行业的卓越表现。

在本文中，作者希望分享他们在吉尔吉斯斯坦建立兽医法定机构的经验、愿景和想法。作者相信，他们在兽医法定机构建立方面的经验对经济处于“转型期”，尚未设立且有兴趣按照 OIE 的建议设立兽医法定机构的国家很有用。

背　景

2007 年，OIE 专家应吉尔吉斯斯坦政府邀请对吉尔吉斯斯坦兽医机构进行了评估，并提出了改进建议。专家的建议为吉尔吉斯斯坦 2008—2012 年兽医机构建立战略计划奠定了基础。政府批准了该项计划（2008 年 2 月 25 日第 62 号），该战略计划的要点之一是建立兽医法定机构来监管兽医和兽医辅助人员。

2011 年，农业部组织了一次会议，以审议兽医法定机构的成立事宜，并决定创立兽医工作组——公-私机构。该机构的主要目标是组织和开展筹备工作，以建立一个符合 OIE《陆生动物卫生法典》（简称《陆生法典》）中定义的真正兽医法定机构。

兽医协会活动的经费已列入世界银行农业投资和服务项目的预算。因此，2011 年春，兽医协会在官方体系中注册，成为一个由监督委员会（9 人）和行政人员（3 人）组成的公-私机构。

兽医协会活动

为了实现目标，兽医协会开展了以下活动：

开展宣传活动，向兽医、农民以及公共和私营部门的利益相关者解释兽医法定机构的作用

在宣传活动中碰到了一些困难。人们将兽医法定机构和兽医专业协会混为一谈。尽管这两个组织的组织架构和活动有共同原则，但它们的目标并不同。兽医专业协会是志愿组织，其主要目的是保护成员（即兽医）的利益，而兽医法定机构的建立是为了保护消费者在接受合格兽医服务时的利益。

兽医协会的法律框架

在 OIE 专家（Fermet Quinet 博士、Lukauskas 博士和 Rondeau 博士）的协助下，已经建立了支持兽医法定机构正常运作的法律框架。该文件目前正由议会审议。由于需要对其他法定法案进行修改，建立法律框架的过程将需要很长时间。

例如，得益于《吉尔吉斯斯坦许可制度法》第 2 章的倡议，兽医职能从应获得许可的活动清单中删除。这一行动使兽医法定机构有权通过注册程序来规范兽医行业。《吉尔吉斯斯坦 2013—2017 年稳定发展战略》认可了私营兽医部门作为支持国家兽医机构的一种手段的必要性。

《兽医道德准则》

为了支持《兽医道德准则》的制定，我们审查了 30 多项不同的道德准则，并选择了 10 项最适合该国情况的准则。在这十项准则的指导下，兽医法定机构制定了自己的《兽医道德准则》。

《兽医道德准则》已提交吉尔吉斯斯坦主要兽医利益相关方审议，随后在全国 812 名私人兽医中进行讨论。兽医法定机构推动该文件在吉尔吉斯斯坦兽医全体大会上获得通过。

兽医协会网站

已建立兽医协会网站（www. vet-palata. kg），并向吉尔吉斯斯坦兽医机构上报。不幸的是，由于某些地区无法访问互联网，以及一些兽医缺乏使用计算机的知识，使用该网站获取必要信息仍然存在困难。

私人兽医和兽医辅助人员数据库

兽医协会开发了一个全国私人兽医和兽医辅助人员的电子数据库。该数据库包括姓名、照片、出生日期、家庭和工作地址、学历、联系方式和工作经历等资料。

数据库中有 598 名私人兽医（接受过 5 年教育）和 1 296 名兽医辅助人员。其中，93 人为女性（48 名兽医和 45 名兽医辅助人员）。

作者的愿景与想法

在这项工作中，有必要考虑以下问题：

是否应该要求公共部门兽医在兽医法定机构注册？

作者认为，在理想情况下，公共兽医应在兽医法定机构注册。但是，考虑到先前规定的条件和监管私营部门活动的必要性，最初计划只监管私人兽医。公共部门兽医受到了一些政府规定的管制。

《兽医道德准则》和《职业行为准则》有何区别？

《兽医道德准则》属于一个相当哲学性的范畴，这意味着它不能用作职业行为评估的工具。这也就是为什么使用术语“职业行为准则”会更好。最新准则通常是在兽医道德规范的基础上制定。

兽医法定机构是否属于国家兽医机构的一部分？

根据 OIE 的定义，兽医机构包括在领域内实施动物卫生和福利措施以及 OIE《陆生法典》和《水生动物卫生法典》中其他标准和建议的政府组织和非政府组织。根据该定义，兽医法定机构可以视为是兽医机构的一部分。

兽医机构由兽医当局全面管理和指导。根据这个定义，由于兽医法定机构是一个独立机构，因此不能作为兽医机构的一部分。

在这个过程的下一阶段，兽医协会将为新《兽医法》的通过而进行公关，该法将确立兽医法定机构的组织架构和运行规则，并制定管理兽医和兽医辅助人员活动的条例。同时，还计划提出为兽医法定机构制定 OIE 结对方案的建议。

结　论

在经济转型国家建立独立兽医法定机构时，人们需要考虑到这种类型的机构是一个新事物，因此，需要做出巨大努力，向政府机构、公共和私人兽医、动物主人和教育机构恰当地介绍和解释这一机构及其价值。

建立有效的法律框架（包括调整相关的法律文书），需要来自 OIE 专家和律师的直接技术援助。

考虑到 OIE 的设想，发达国家和国际捐助者有责任帮助发展中国家改善兽医教育以促进全球公益事业，吉尔吉斯斯坦作为一个处于经济转型期拥有大量牧场动物的小国，是发展中国家建立兽医法定机构试点项目的理想示范国。

兽医教育机构间合作方案的实践经验

J. Hartung & E. Bao

摘 要

在全球研究和教学中，动物卫生和福利越来越受到重视。本文以中国南京农业大学（NAU）动物医学院和德国汉诺威兽医学院（汉诺威兽医学院）的合作方案为基础，提供了一个发展和加强动物卫生和福利领域教学与研究能力的范例。合作始于 1987 年，当时第一批中国博士生来到汉诺威学习临床兽医学、传染病、病理学和中国传统兽医学。1997 年起，合作加强并延伸到畜牧业、动物卫生和动物福利领域，这对提高南京农业大学在这些学科方面的教学能力有所裨益。每年，汉诺威的教师会在南京农业大学讲授动物卫生、现代动物生产体系和动物福利课［欧盟（EU）立法、欧洲经济委员会（ECE）建议和世界动物卫生组织（OIE）标准］。与此同时，中国研究生和博士生在汉诺威兽医学院学习长达一年半之久，研究联系得以加深。例如，将热休克蛋白（HSP）作为应激标记物在猪和肉鸡中进行深入研究，并从 2001 年开始发表了约 20 篇期刊论文。虽然南京农业大学的动物福利课（根据陆承平教授的《动物保护概论》一书）课时仍然有限（南京农业大学 36 课时，汉诺威兽医学院 140 课时），但学生们对其兴趣迅速增长。相比之下，并不是所有的中国大学都会定期教授动物福利课。因此，目前所采用的原则是“教师培养”。2013 年 5 月，南京农业大学与中国畜牧兽医学会（CAAV）联合承办了国际动物卫生学会（ISAH）关于“动物卫生、健康和福利作为可持续畜牧业生产的基石”的第 16 届大会（www. ISAH-soc. org）。人员和思想的交流仍在继续。2012 年，汉诺威兽医学院与南京农业大学签署了一份新的 5 年合同。下一个教学项目是进一步建立一个技能实验室，为兽医专业学生提供动物模型培训。

关键词

动物卫生和福利；能力建设；OIE 标准；技能实验室；OIE。

引 言

当今，动物卫生和福利成为全球性问题，涉及牧场动物以及宠物和伴侣动物。除了治疗患病动物和保持动物卫生（这是兽医职业出现以来所面临的真正考验）之外，动物福利越来越成为兽医使命的重要组成部分。

随着现代畜牧业的出现，每个农场的动物数量急剧增加。随着世界人口对动物源性食品需求的快速增长，过去 30 年全球猪肉和禽肉产量翻了一番，联合国粮农组织预计，2030 年全球肉类产量将进一步增长至约 3.5 亿吨。这种巨大的增长只有通过大量家畜育种和发展具有现代集约型生产系统的专业农场才可能实现，而在这些农场中，动物以高载畜率被关在封闭的笼舍内，以便最好地利用它们的遗传性能，使其能够在适当的饲养、喂食、卫生、管理和兽医控制下，在尽可能短的时间内达到高生长率和高饲料转化率。如此，每个农场的动物数量增加了，农场的数量和以饲养动物为生的人数减少了。1960 年至 1980 年间，德国某一地区生产阶段鸡的数量增加了近 12 倍，从几十万只增加到了 1 200 万只，而德国养鸡场的数量却从约 340 万个下降到约 10 万个。与此同时，牧场动物产品的价格维持不变或下降。从统计记录中可以看出，德国消费者在食品上的相对支出占收入的百分比从 1900 年的 57% 下降到了 2010 年的 14%。欧洲人再也无须担心食物供应是否充足的问题，实属人类历史首次。作为对这些发展的回应，对动物福利的关注与日俱增，越来越多的社会团体开始寻求更多更好的动物保护措施。

OIE 及其在动物福利方面的举措、欧盟（EU）及其众多具体的法律法规、澳大利亚和新西兰以及瑞典和瑞士等国家动物福利是全球动物福利立法和研究的重要推动力。许多非政府组织（NGO）也在这一领域发挥着积极作用。最后但同样重要的是，要求提高人类饲养动物（包括牧场动物、宠物、役用动物和实验室动物以及用于食用、运动、动物园或其他方面的动物）的"生活质量"的市民和消费者。这些社会需求推动了更复杂的以动物为中心的福利评估体系的发展，从五大自由开始，通过动物需求的概念发展到今天的动物福利指标体系。

但是，动物福利评估体系尚未在世界范围内普及。不同社会团体在社会、经济、文化、政治和宗教方面仍存在很大差异。随着生活水平的提高，人们似乎越来越关心动物福利。但是，对动物福利的理解也有很多不同方面，如伦理、法律、情感和科学。最后提到的科学似乎对兽医和动物福利科学教育最为重要。

本文简要介绍了 2 个兽医教育机构在动物卫生和福利领域合作的起源和发展，比较了中国南京农业大学和德国汉诺威兽医学院（汉诺威兽医学院）动物福利专业学生的教学和教育，并举例说明了如何通过实践和教育中的各种措施来避免或减轻牧场动物和宠物动物的疼痛、压力和痛苦，总体目标是改善牧场动物和宠物动物的福利。

1987 年以来汉诺威兽医学院与南京农业大学合作的历史

两所大学之间最早的联系可以追溯到 1986 年，当时有一个南京代表团抵达汉诺威，开始就教学和研究合作进行协商。1987 年，签署了第一份合作备忘录（1987 年 6 月 26 日）。1989 年，开始了高级和初级工作人员的实际交流。第一批访问汉诺威兽医学院的南京农业大学工作人员主要研究的是临床兽医学、传染病、动物病理学和中国传统医学。对牛犊、牛、猪和马的疾病进行了化学、兽医针灸学和寄生虫学方面的具体研究。从 1996 年到 1998 年，南京农业大学的中国合作伙伴合作开展了一个关于中国水牛肝片吸虫病的 EU 项目。

自 1997 年以来，合作范围延伸到了畜牧业、卫生和福利。在中德农业研究合作项目框架的支持下（自 1998 年起），汉诺威的教师每年都会去南京传授畜牧业和牧场动物卫生与福利知识。中国研究人员在汉诺威学习时间较长（长达一年半），学习如何组织教学和研究。自 2000 年以来，德国和中国都开展了"运输猪热休克蛋白（HSP）表达和肉鸡热应激"的研究项目。使用了不同运输时间在实际条件下运输猪，与同品种同年龄猪的未运输对照组相比，并对这些猪测量应激指标。最有趣的结果是随着运输时间的增加，不同 HSP 家族的表达水平和猪不同器官细胞的调节机制发生了变化。通过这次共同的研究活动，产出了大量博士论文，其中约有 20 篇发表在同行评审期刊上，并且编写了 11 篇会议记录。现在，这项研究主要专注于猪心脏组织中 HSP 表达和/或耗竭与运输应激猪心力衰竭猝死之间的可能关系。当前正在开发一种大鼠心肌细胞模型。

2007 年，两所大学之间的合作协议延长期限，2012 年 10 月 20 日，两所大学的校长再次签署了合作协议，为期 5 年，至 2017 年，目标是深化教学和研究方面的合作以及学生和科学家的交流。

自 2008 年以来，环境研究和教学课题已纳入中德合作框架。课题包括“测量和减少灰尘与包括密集动物生产中人兽共患病原体在内的微生物的空气传播”，以及“通过新型减排技术减少猪舍中的生物气溶胶”。两名中国博士生目前正在汉诺威兽医学院动物卫生、动物福利和牧场动物行为研究所从事这些课题的研究。经中国和德国协商，中德农业研究合作项目的框架延长至 2013 年以后。

南京农业大学和汉诺威兽医学院动物福利课程的比较

中国有 60～70 所农业学院，中国农业大学、南京农业大学、华中农业大学、西北农林科技大学等都属于重点大学。在众多学院和大学中，只有少数几所会定期教授动物福利课程，因此，许多兽医专业的学生从未正式接触动物福利学科。中国大学每年大约有 5 万名兽医毕业生。教育时间从 4 年到 5 年不等。兽医教育由教育部或农业部（现农业农村部）监督。

南京农业大学在动物福利方面的教学能力仍然有限。但是，陆承平教授出版的第一本动物福利教科书为南京农业大学和中国其他大学教授动物福利知识提供了重要的依据。目前遵循的原则是教师培养。近年来，先后在南京（2007 年）、北京（2009 年）、新疆（2010 年），接着又在南京（2011 年）组织了关于动物福利概念的研讨会，涉及国际标准（包括 OIE 标准）、市场结构、消费者需求、动物应激和福祉原则、畜禽的驯服和运输以及伴侣动物的福利和护理等方面和主题。对于其中的几项主题，外国专家应邀在研讨会上做报告。2013 年 5 月，南京农业大学与中国畜牧兽医学会和国际动物卫生学会联合主办了第 16 届 ISAH 大会，主题是“动物卫生、健康和福利作为可持续畜牧业生产的基石”（www.ISAH-soc.org），这给了许多与会者更多了解动物福利科学的机会。从与中国学生的多次接触中可以清楚地看出，人们对动物福利这一主题及其理解和应用越来越感兴趣。

南京农业大学总共给学生开设了 36 课时的动物福利课。

汉诺威兽医学院兽医课程中的动物福利教学内容包括：

-《德国动物保护法》及其关于饲养、运输、击晕和屠宰蛋鸡、牛和肉鸡等动物的具体规定；

-欧盟关于动物福利的相关指令；

-欧洲委员会的建议；

-OIE 标准；

-在没有具体规定的领域（如火鸡），由行业和负责监管的部级当局签署的福利指南和协议；

-现代畜禽生产中以及照顾宠物、马匹、动物园动物或野生动物过程中，与实践相关的动物福利优劣实例；

-关于实验动物福利的信息和重点内容。

学生在治疗患病动物和在接受教育过程中照顾宠物、马匹和家畜时，还可以在诊所和研究所获得有关动物福利的实用信息。由汉诺威兽医学院动物福利和宠物及马匹行为研究所附属动物福利中心回应来自大学内部（如学生或科学家）、大学外部（如执业兽医）和公众关于动物福利、饲养和驯服的问题。

在大学自有研究农场进修为期 10 天的必修实践课程，进一步增加了学生在动物福利和动物处理方面的知识和技能。德国所有 5 所培养兽医的大学都必须遵循该教育计划。动物福利是所有兽医学生参加国家考试时的必考专业科目之一。

以下列出了在动物福利和直接相关科目中讲授的主题和课时数。课程在第一、第二和第三学年进行：

-动物福利：　　56 课时（第一年）
-动物行为学：　　28 课时（第二年）
-动物卫生和动物饲养：　　56 课时（第一年和第三年）

南京农业大学由来自汉诺威兽医学院的老师讲授动物福利专题课

南京农业大学的课程涵盖的科目与汉诺威兽医学院讲授的科目相似。

近几年有讲授以下专题课程：

-动物福利历史；
-动物福利的定义；
-动物福利原则；基于道德（伦理）、法律、情感和科学动机的动物福利之间的区别；
-动物卫生与动物福利之间的关系；
-应激对肉质的影响；
-动物运输，包括装卸；
-击晕和宰杀家畜；
-动物的需求；
-利用兽医学知识和方法证明动物享有的福利；
-能够可靠解释动物卫生状态的指标；
-如何为动物创造舒适有效的居住环境；
-利用现代技术［如精准畜禽养殖（PLF）］来改善动物卫生和福利，包括基于动物的措施和指标概念。

“指标概念”示例

对于这个相对较新的概念可做如下解释。在过去，一般通过定义动物生活所处环境条件来评价动物的福利状况。所谓的家畜的“五大自由”提供了重要且非常实用的原则。这些原则指出了动物福利的最主要内容，要求对待动物时不得出现喂食不足或营养不良、居住条件差、无住所和管理不善、疼痛、受伤和疾病、伤害性治疗以及导致恐惧、痛苦和精神受到折磨的情况。此外，动物不应饲养在不允许表现正常行为的条件下。虽然这五大自由描述的是“人为环境”，但近年来，在欧盟动物福利项目的框架内，制定了一份包括 4 项福利原则和 12 项福利标准的清单，超过了五大自由。欧盟动物福利项目专注于福利优劣的指标，动物福利状况可以根据动物的身体、展现的姿势和行为或根据屠宰场的动物尸体来评判。后一种评估只能在事后进行，但可以为伤害、表现不佳和疾病的发生率提供有价值的信息。受到典型伤害的例子包括：骨折，主要是由于即将屠宰的禽类的捕捉和运输方式不达标所致；肉鸡和火鸡的爪垫皮炎，主要是由于劣质稻草引起；因啄羽引起的皮肤损伤；由于环境障碍引起的伤害（如母鸡在笼中下蛋时）。这些评估虽然不能为所研究的禽类提供帮助，但它们确实提供了有价值的信息，可据此向农场主和生产商提出意见，使他们能够改善农场下一批或下一代禽类或其他动物的条件。该“指标概念”的信息直接取自动物。它与上面提到的临床兽医学、病理学、行为学和生理学指标以及动物环境信息一起，形成了评估和比较农场和生产系统及其动物福利状况的有力工具。另一个重要的福利问题是生猪屠宰前和屠宰过程中的处理和击晕问题，这是将来在南京农业大学教学时要提出的议题。

临床“技能实验室”

汉诺威兽医学院近期采用了一种创新方法，旨在尽量减少用于兽医学学生教学的动物的紧张和痛苦。学院设立了技能实验室，学生在开始对活体动物进行处理之前可以在这里接受培训，在动物模型上开展典型的兽医操作活动。学生们充分利用模型学习如何进行静脉注射、犬的气管插管和马的子宫触诊。设立这样的技能实验室，除了需要财政支持之外，还需要专业且有经验的教师，以及对模型进行不断改进，使其更加符合教学实际。

当前和未来的活动

南京农业大学和汉诺威兽医学院之间的现有研究项目汇总如下：

-热诱导的心肌细胞的热休克蛋白表达和应激损伤；

-热休克蛋白表达在运输生猪猝死综合征中的作用；

-检测和降低来自或在集约化动物生产系统内部的灰尘和微生物（包括动物传染病病原体）的空气传播；

-通过新的缓解技术减少生物气溶胶（博士论文）。

当前措施：

-大学生、研究生和博士后将继续在南京农业大学和汉诺威兽医学院学习动物卫生、健康管理、动物福利和环境保护；

-两名中国博士生在汉诺威研究所工作；

-2014 年初将有一名博士后来汉诺威兽医学院继续深造；

-提交了“中德农业合作计划”申请；

-计划与 ISAH（国际动物卫生协会）一起开展活动，在动物卫生和福利方面开展更多的研究和教学。

结论和未来需求

在过去的 27 年里，尽管教育体系存在差异，但汉诺威兽医学院与南京农业大学在动物福利研究和教学方面的合作发展良好。中国学生和教师对家畜和宠物的动物福利越来越感兴趣。“培养教师”的理念非常正确，可以有效地向学生和动物主人传播关于动物福利的知识。OIE 标准有助于在中国的兽医学课程中切实推广动物福利。这次会议的结果也可能促进这一进程，从长远来看，可能有助于中国完善动物福利立法。南京农业大学是一个令人鼓舞的例子，它可以作为中国和其他地区的高等教育机构推广动物福利科学并取得卓越成就的典范。

动物福利是当今的一个全球性问题，涉及家畜以及宠物和伴侣动物。动物福利已成为并将继续是兽医的一项最重要的任务。因此，基于知识、信任和理解的教学与合作对于让动物福利理念、信息令人信服非常重要。特别是考虑到以下现实，即世界各国存在巨大的社会、经济、文化、政治和宗教差异，以及其他必须考虑的原因。用科学合理的论点来说服人们是很重要的。当汉诺威兽医学院的教员初次从汉诺威来到南京时，他们是带着使命感而来，并非作为传教士。目的不是要责备人们在动物福利方面做得不够，而是要改善动物和农场的条件。

两个教育机构在动物福利方面的合作需要一定时间来深化。今天，人们满怀信心地期待，为了动物和人类的利益，未来在动物卫生和动物福利方面将会有许多富有成效的合作。合作的基础是知识、科学方法和兽医学教育与研究方面的专业优势，以及耐心和信任。

一家认证组织的观点：欧洲兽医教育机构协会应用的工具

G. Niebauer

摘　要

欧洲兽医教育机构协会是一个认证组织，旨在协调和评估兽医学本科教育的质量和标准，主要涉及（但不限于）欧盟国家。评估按照同行评议原则，聘用训练有素的兽医专家作为评审员。由五名兽医和一名学生组成的专家小组，在满足利益冲突规则的前提下，对教学机构进行为期一周的现场审查。被审查机构在审查前提供自我评估报告（SER）。进行现场审查后，根据欧洲兽医教育机构协会标准操作程序生成自我评估报告和评价报告。每隔10年对机构进行评估，并确定评估结果，如“获准/获认证”“有条件批准/认证”或“不批准”。

评估结果由欧洲兽医教育机构协会的独立决策委员会（ECOVE）进行内部评估和确认。目前，该组织已对欧洲、中东和亚洲的98家兽医机构进行评估。这些机构中大约有一半符合评估标准。这些标准主要基于OIE关于兽医毕业生能力的建议：

-OIE核心课程；

-欧盟第36/2005号指令；

-欧洲兽医教育机构协会“DAY1毕业生工作能力”列表；

-欧洲兽医教育机构协会标准操作程序，包含关键培训占比情况的列表；

-欧洲高等教育质量保证协会（ENAQ）发布的欧洲高等教育领域质量保证机构的外部评审指南。

该体系通过在欧洲兽医教育机构协会主页上发布报告来努力提高透明度。关于公私伙伴关系的概念，欧洲兽医教育机构协会正与其主要利益相关方欧洲兽医联合会合作。欧洲兽医教育机构协会是国际认证专家工作组的成员，与OIE、皇家兽医学院和美国兽医协会一起努力协调全球兽医教育。联合考察和考察指南的修订是当前全球协调工作的主题。目前，欧洲兽医教育机构协会和OIE正在联合制定和评估南地中海地区兽医机构的国际培训标准。

关 键 词

认证；欧洲；评估工具；受管制职业的自由流动；质量评估/管理；兽医课程；兽医教育机构。

引　言

欧洲兽医教育机构协会是欧洲唯一的国际或跨国非政府兽医学认证组织。兽医是首个并且是当今唯一一个受欧洲质量评估/评价及认证程序监管的职业。

欧洲兽医教育机构协会与欧洲兽医联合会和欧盟成员国的国家主管当局（政府机构和兽医法定机构）密切合作，实施了兽医学校的评估和认证方案。欧盟兽医教育方面的协调和质量控制/评估对于确保整个地区的优质兽医服务至关重要，特别是考虑到促进欧洲市场发展和保证成员国内部服务和货物自由流动。

欧洲兽医教育机构协会的愿景是成为欧洲兽医教育机构的官方认证机构。欧洲兽医教育机构协会的使命是评估、促进和进一步发展欧盟成员国内部（但不限于欧盟成员国）兽医机构及其教学的质量和标准。

欧洲兽医教育机构协会/欧洲兽医联合会的评估体系为以下方面提供保证：

-公众，让其了解即将毕业的兽医及其服务的质量是值得信任的；

-兽医学生，让其知道他们的教育达到了议定的可接受的标准；

-兽医教育机构，让机构知道，其课程和师资达到了议定的基准水平。

项目目标

项目主要目标是评估并确保所有会员机构达到兽医本科教育的最低标准。这些标准基本上在欧盟指令 2005/36 中已有规定，在欧洲兽医教育机构协会标准操作程序中又做出了进一步的定义。其他基准工具有英国皇家兽医学院修订的“DAY1 毕业生工作能力”列表，以及 OIE 关于 DAY1 毕业生工作能力的最新建议，这些建议得到了 OIE 兽医教育核心课程指南的补充。

项目的其他目标是加强欧洲内外会员机构之间的合作，发挥论坛作用，提高和协调兽医教育。其他任务包括促进会员和候选会员机构之间信息、教员、学生和教材的流通。后一个目标，在欧洲不同城市每年一度举行的大会中得到实现。大会在兽医教育方面设置了广泛的教学与科学议题。这类年度会议与其他由会员机构、学生和其他利益相关方代表参加的大会相结合，成为在兽医培训方面交流信息和更新方法、标准和趋势的最佳方式。

组　　织

目前欧洲兽医教育机构协会会员包含 97 家兽医教学机构（27 个欧盟成员国内有 77 家，其余属于非欧盟或非欧洲国家）。机构可自愿取得会员资格，但每个会员机构都必须接受欧洲兽医教育协会章程和标准操作程序中规定的定期评估/认证程序。

欧洲兽医教育机构协会维护、发布并持续更新每个会员机构评估状态的完整列表。

评估工具

评估和认证过程按照同行评议原则。也就是说，由一组经挑选的专家组成审查团访问会员机构，研究和分析自我评估文件并提交评估报告，然后由一个由利益相关方组成的独立决策委员会（ECOVE）进行分析并做出决定。

审查团由以下 7 名成员组成：

-从以下学界同行中挑选出四名专家：基础学科与自然科学；临床科学科目；动物生产；食品卫生；

-一名执业兽医（由欧洲兽医联合会推荐）；

-一名学生（本科应届毕业生或过去 12 个月内毕业的兽医）；

—一名欧洲兽医教育机构协会工作人员（协调员/报告员）。

为了确保客观性和避免任何利益冲突，审查团的组成有严格的规则限制。例如，任何专家不得与被审查机构所属同一国家；参与者应有既往经验或经过适当的培训；每个审查团中没有经验的专家不得超过 2 名；每个审查团应至少包含一名女性专家；专家应来自至少 3 个官方认可的地域（参见法规）；至少有一名由欧洲兽医联合会提名的执业医生或官方兽医；名单上的专家应轮流任职；两位临床科学专家中，一位是伴侣动物方面的专家，另一位是家畜或马匹方面的专家。

重要的是，审查团专家不应有利益冲突，即他们与被审查机构不得有直接联系或存在个人利益关系。为此，审查团专家不得在该机构学习过或曾受雇于该机构。如果以前获得批准的机构失去其获准地位，则任何来自该校的专家将从专家名单中剔除。

评估审查的执行一般可分为两个不同的阶段（第一阶段和第二阶段），可以由申请认证的机构提前自由选择。第一阶段评估生成“获准”状态，第二阶段评估生成“获认证”状态。第二阶段仅适用于“获准”机构。获准机构需依据相关欧洲指令（主要是 EC36/2005）规定满足本科教育的所有要求，而获认证机构除了满足这些要求外，还需满足严格的质量评估和管理标准［主要是欧洲高等教育质量保证协会（ENAQ）发布的欧洲高等教育领域质量保证机构的外部评审指南］。落选机构（未获准/认证或有条件批准/认证）可根据公布的规则和标准重新接受审查。批准/认证状态的有效期为 10 年，尽管有计划将该期限缩短至 7 年。

除了这两个阶段的评估外，欧洲兽医教育机构协会还提供了咨询性现场审查工具。该审查一般用于欧盟境外的候选会员。该审查将生成一份详细的改进管理建议，其目的是在建议得到落实的前提下，对通过全面现场审查评估（第一阶段）做出合理保证。在此背景下，欧洲兽医教育机构协会与 OIE 密切合作，向所有可能受益于兽医教育进一步标准化和协调化的国家提供该工具。

评估和其他审查应遵循每个类别的标准化现场时间表和程序。第一阶段和第二阶段审查需要一周时间，而咨询性现场审查可在 3 天内完成。咨询性现场审查团规模较小，报告详细程度较低，结果可能会保密。

自我评估报告的发布应早于所有现场审查，被审查机构应根据严格的准则（参见欧洲兽医教育机构协会标准操作程序）提前编制并撰写好自我评估报告。

欧洲兽医教育机构协会的宗旨是对所有被审查机构实施平等、统一的评估标准。为此，建立了若干沿用已久的内部质量保证机制。与欧洲高等教育质量保证协会的联系以及包括审查报告在内的评估结果的公布，确保了这些标准的透明应用。

欧洲兽医教育机构协会独特的评估体系现已被国际认可，并与相关 OIE 指南和建议以及美国和英国的认证体系一起，成为全球许多认证机构的模板。

世界银行的观点

C. Plante

摘　要

世界银行认为畜牧业是可实现减贫、共同繁荣和粮食安全的重要行业。根据经验和世界银行的战略，世界银行正在制定“全球畜牧业议程”和“区域行动计划”，确立了支持发展中国家畜牧业可持续发展的共同愿景和优先事项，包括健康、环境和公平，它们构成该议程的三大支柱。

在每个国家中，动物卫生的有效管理首先需要一个由熟练专业人员、兽医以及兽医学准专业人员组成的网络。因此，基础教育和继续教育对于确保向牲畜饲养者提供疾病控制方案、提高卫生服务质量、促进畜牧业可持续发展以及降低公共卫生风险是至关重要的。

世界银行近期在欧洲和中亚（ECA）以及非洲和南亚地区的各种项目中特别强调了兽医教育。例如，在有些中亚国家，已经分配了大量资源来更新兽医学院的设施，并确保兽医课程尽可能与 OIE 关于应届毕业生（“DAY1”）兽医能力和兽医教育核心课程的建议保持一致。与此同时，通过授权活动、能力建设和发展兽医法定机构来进行机构改革和动员私人兽医，使得学生的入学率和积极性大幅提高。这反过来又对当地产生了快速影响，体现在向农场提供了高质量的服务并且更好地控制了动物疫病。

世界银行致力于进一步支持兽医教育，将其作为支持畜牧业发展和改善公共卫生计划的组成部分。在与 OIE 兽医机构国际质量标准接轨方面以及为了确保兽医教育计划的质量，世界银行将继续推动 OIE 框架下的结对项目。通过这些项目，世界银行提供的具体支持可以作为结对活动的补充，或者在结对活动不成功的情况下，可以利用 OIE 对质量控制的监督作用制定同等计划。世界银行还支持采用开源平台或类似机制促进教学资料共享和网络化的创新方法。

关键词

非洲；能力建设；欧洲和中亚；公共卫生项目；高等教育；畜牧业可持续发展；兽医教育。

引　言

世界银行的首要任务是结束极端贫困和促进共同繁荣。更具体来说，世界银行的目标是到 2030 年将每日生活费低于 1.25 美元的人口比例降至 3%以下，并促进每个国家底层 40%人口的收入增长。世界银行是低收入和中等收入国家财政和技术援助的基本来源，它提供低息贷款、无息信贷和赠款，以支持对众多部门的广泛投资。在知识方面，世界银行提供政策建议、研究和分析工作及技术援助。大部分此类工作与合作伙伴共同完成。例如，在 2013

财政年度（财年），为遍布全球的项目提供了 526 亿美元。世界银行跨越多个部门，其中两个部门与兽医教育特别相关，即教育和农业。这两个部门已制定了战略和行动计划，为支持各国的重点行动提供背景材料和理论基础。本文将概括地介绍推动世界银行业务的背景，提到了世界银行项目支持兽医教育和兽医法定机构的具体例子，并对可能的发展方向提出了构想。

来自教育部门的见解

教育是一项基本人权，是发展、减贫和增长的基础。对人的潜力进行投资不仅能推进许多发展目标，例如从健康和性别平等到公民参与和创新，还能为社会享有更光明的未来铺平道路。

背景和趋势

世界现在正处于关键时期。在人口统计方面，出现了前所未有的人口增长，从 1950 年到 2000 年，发展中国家的人口增长了 185%。据估计，从 2000 年到 2050 年还会出现 57% 的增长（而同期发达国家的人口增长为 46%和 2.5%）。预计此后全球人口将相对稳定，人口变化将引起中等收入国家中达到中等教育和高等教育水平的“青年群体膨胀”。如图 1 所示，各地区之间的高等教育入学率极不平等，人口增长最快地区的高等教育入学率最低。就撒哈拉以南非洲而言，据估计，2010 年至 2025 年期间，将有 3.3 亿青年进入劳动力市场，目前该市场 65%～75%的劳动力从事农业。除了人口统计资料外，与各行业相关的信息量也在激增。跟踪引领创新的知识是一个显而易见的挑战，尤其是在科学领域。技术也在迅速变化和改进。年轻一代，特别是发展中国家的年轻一代，越来越依赖信息和通信技术（ICT）来获取信息、知识和技能。信息和通信技术的快速发展可能会给教育机构带来某些挑战，但有望使教育变得更加有效和广泛。

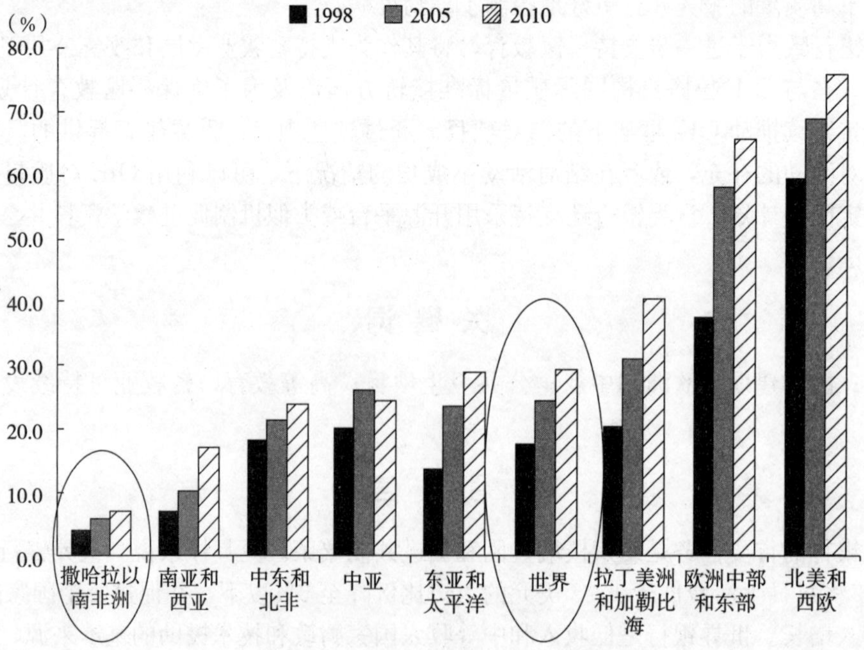

图 1　不同地区高等教育入学率

（P. Matera 提供，世界银行）

世界银行参与教育部门的工作

2011 年，世界银行推出了名为“全民学习”的 2020 年教育部门战略。儿童和青年通过该教育战略学习并获得知识和技能，将有助于其摆脱贫困并推动社会发展。人们获得知识和技能是经济增长、社会发展、减贫的基础。该战略强调要“及早投资，明智投资，为所有人投资”。在与合作伙伴合作实现全民学习的过程中，世界银行确立了两个战略目标：

（i）除了投入外，改革教育系统；

（ii）为改革奠定知识基础。

近 50 年来，世界银行为世界各地的教育发展做出了巨大贡献。它是发展中国家获得外部教育资金的最大来源之一。截至 2013 年 8 月，世界银行管理着 89 亿美元的投资并在 70 个国家开展业务。

过去 10 年里，在各国政府、民间社会、世界银行和许多其他伙伴的共同努力下，小学适龄儿童失学人数从 1999 年的约 1.06 亿下降到 2008 年的约 6 900 万。即使在最贫穷的国家，小学入学率也飙升至 80%以上，毕业率超过 60%。但仍有很多年轻人在毕业时缺乏 21 世纪劳动力市场生产性就业所需的知识和技能。各国需要更多有技能的娴熟劳动力来提高竞争力和经济增长水平。

由于世界银行承诺帮助实现千年发展目标（MDG），与前一个十年相比，2001—2010 年十年间的高等教育和职业教育的教育经费份额减少了一半，而增加了对学前教育和初等教育的贷款。但世界银行对高等教育和职业教育的支持力度仍然很大：从 2003 年到 2012 年，世界银行向 61 个国家的 126 个高等教育项目提供了超过 37 亿美元的贷款。在支持落实高等教育改革的过程中，世界银行优先考虑能够带来积极发展和创新的计划和项目，这些计划和项目使得教育机构更加多元化，加强了科技研发能力，提高了高等教育的质量和相关性，促进建立了帮助弱势学生的公平机制，建立了可持续的融资体系以助长响应能力和灵活性，强化了管理能力，以及提升并扩展了缩小“数字鸿沟”的信息通信技术能力。

来自农业部门的见解

到 2050 年，农业系统将需要多生产约 50%的粮食来养活世界上的 90 亿人口，提供足够的营养，大幅提高世界上大多数穷困人口（其中 75%生活在农村地区，大多数依靠农业为生）的收入水平和就业弹性，提供吸收碳、管理集水区和保护生物多样性等环境服务，以及更有效地利用有限的土地和水资源。

世界银行参与农业部门的工作

世界银行经与客户协商，承诺大力扩大对农业的支持力度。截至 2012 年 12 月，国际复兴开发银行和国际开发协会通过 92 个国家的 303 个项目，向农业部门提供了额度为 227 亿美元的贷款、信贷和赠款。在《2008 年世界发展报告：以农业促发展》的基础上，相关的“2010—2012 年行动计划”和正在实施的“2013—2015 年世界银行农业行动计划”为世界银行确定了优先事项，以帮助客户：（i）提高农业生产率；（ii）将农民与市场联系起来，加强价值链管理；（iii）促进农村非农收入；（iv）减少风险、弱势群体和性别不平等现象；（v）加强环境服务和可持续性发展。

2013—2015 财年，世界银行对农业的支持将从 2010—2012 财年的 62 亿～83 亿美元/年增加到 80 亿～100 亿美元/年。

对于农业来说，畜牧业发挥的作用越来越重要。畜牧业对 MDG（贫穷和饥饿、性别、教育、儿童死亡率、孕产妇健康、疾病、环境和全球伙伴关系）做出了重要贡献；维持着约 10 亿贫穷人口的生计（其中 27%在撒哈拉以南非洲，34%在南亚）；支撑着经济发展（对农业国内生产总值 GDP 的贡献约为 30%，是国际贸易的主要来源，并提供保险和现款）；并支持着食品安全和营养（是作物生产的主要贡献者，为弱势群体提供关键营养，占全球蛋白质总消费量的 28%）。受发展中国家中产阶级人口不断增长的推动，对动物产品的需求将继续增长，对合格动物卫生专业人员的需求也将增加（图 2）。根据世界银行的总体政策和战略，尤其是正在制定的一项“全球畜牧业议程”和“区域行动计划——2013—2015 年农业行动计划”，确立了支持发展中国家农业可持续发展的共同愿景和优先事项。健康、环境和公平构成了“全球畜牧业议程”的三大支柱。显然，没有扎实的兽医专业知识，畜牧业发展就不可能得到优化，因为健康是畜牧业发展的其他方面实现其潜力的最低必要条件和基本有利因素，兽医的作用预计将稳步增长，并且对于农村发展、生计、公共卫生和环境而言变得越来越重要。出于这些原因，在健康支柱中明确提到了对兽医教育的支持。

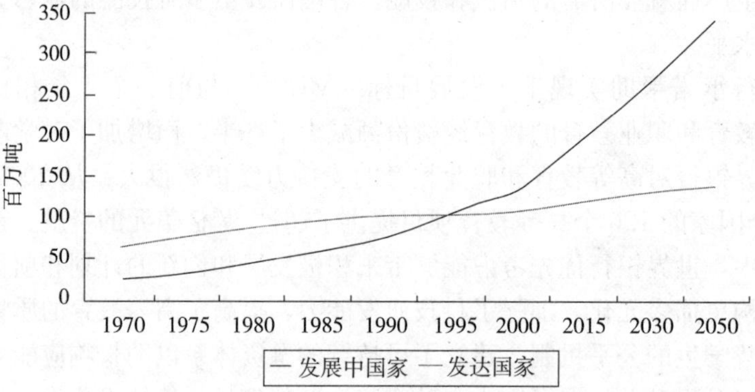

图 2　肉类生产趋势

一些国家的业务经验和教训

在世界银行支持畜牧业相关业务的许多国家，畜牧业的需求与公共或私营部门提供的服务严重脱节。从数量和质量两方面来看都存在不足。公共兽医通常缺乏经济、法律、机构战略和规划以及通信方面所需的最低管理技能；而私人兽医通常缺乏商业管理和创业技能。在一些国家，一个明显的恶化因素就是兽医行业的人员流失——专业人员的离职率往往远超过新一批专业人员的入职率。这种人力枯竭是由若干因素造成的，最显著的一个可能是非洲等地区提供的奖学金数量下降，以及兽医职业相对于其他职业的地位和收入较低。尽管如此，世界银行一些最新经验表明，某些行动可以迅速扭转这一趋势。

世界银行一直在以不同的方式支持着兽医教育。例如，在马里，通过促进农业生产力项目为 30 名兽医专业学生提供奖学金，以解决 2009 年 5 月 OIE PVS 差距分析报告中确定的一个紧急优先事项，该报告预计 92 名马里兽医和家畜工程师中有 90%会在 10 年内退休。在欧洲和中亚，阿塞拜疆按照在世界银行项目支持下制定的战略计划和师资评估的建议，为重建兽医师资进行了大量国家投资。该国的其他项目通过资助实地实用教学课程、设备、课程升级、师生交流能力建设，为提高兽医教育质量做出了贡献，目的是尽可能使兽医教育符合 OIE 的应届毕业生（“DAY 1”）工作能力和兽医教育核心课程要求。

在吉尔吉斯斯坦，世界银行支持为兽医师资制定评估和战略计划。吉尔吉斯兽医学院和可能的美国结对学院之间进行了进一步的讨论，设想由 OIE 主办一个结对项目，世界银行可在新项目的基础上为升级基础设施提供支持。

在南亚，由世界银行管理的信托基金——禽流感和人流感基金（AHIF）资助了 7 个国家的 68 个流行病学理学硕士学位（50%用于人类健康，50%用于动物卫生专业人员）。培训由梅西大学（新西兰）提供，用具体的国家案例研究和创新的教学方法，在这些国家形成“同一健康”概念，通过在线学习和面授学习相结合，辅之以通过国内合作调查进行应用培训，以及开发一个专用网络平台，进行资料交换和想法交流以及进一步的高级培训。

还有无数的特定培训活动，如复习课程和在职培训，它们通常作为每个项目的一部分，以支持关键领域目标，例如禽流感预防和控制。（自 2005 年以来，世界银行管理着一个全球性项目，该项目包括 60 个国家的 72 项业务，总预算为 13 亿美元。）

培训与机构改革和动员私人兽医同时进行（通过委派按服务付费进行经济补偿的活动）。培训有助于提升兽医法定机构的能力，并改善兽医职业在未来学生心中的印象。潜在的高收入，使得这些国家的学生入学率和积极性大幅提高。培训已经对当地产生了迅速的影响，如向农场提供更高质量的服务和更好地控制动物疾病。根据 OIE 兽医机构效能评估路径的指导，吉尔吉斯斯坦的农业投资与服务项目提供了一个系列互补活动的良好范例。阿塞拜疆的新农业竞争力提高项目也将采用这一方法。

结　论

正如本文所讨论的那样，教育亟待投资，包括高等教育，以帮助这一代及后代应对整个社会不断变化的挑战和需求。在解决总体减贫问题时，更具体地说，在应对粮食保障、健康和环境挑战时，兽医行业将显得至关重要。要增加兽医服务的供给，以满足数量和质量两方面的需求，就需要做出重大努力和大量投资。世界银行将利用其多部门协调能力，探索支持兽医教育的其他可能途径，并考虑兽医在畜牧业可持续发展和社会整体利益中的关键作用。毋庸置疑，世界银行必须与 OIE 和其他组织发展伙伴合作，充分利用各组织在这方面所做出的努力。

致　谢

作者要感谢世界银行首席教育专家 Francisco Marmolejo 关于高等教育的宝贵指导和提供的参考及意见。

亚洲兽医协会联合会（FAVA）对兽医教育的展望

A. Sailasuta

摘　要

兽医教育自1910年诞生以来，在亚洲已有100多年的历史。此外，印度尼西亚、日本、韩国、泰国等一些国家有兽医学校认可制度，由所在国认证机构负责管理。文莱、柬埔寨、中国香港、老挝和新加坡尚未建立兽医学校。

亚洲兽医协会联合会最早成立于1978年，现已是公认的满足该地区需求的统一兽医协会。亚洲兽医协会联合会的使命之一是通过“2010—2015年亚洲兽医协会联合会战略计划”，在兽医教育方面构建强有力的区域合作，促进兽医行业的进步。亚洲兽医协会联合会正在继续努力统一其成员兽医学校的兽医教育。1994年，日本兽医协会（JVMA）发起和支持亚洲兽医协会联合会兽医培训计划，共有46名来自亚洲国家的兽医接受了该计划下的培训。亚洲兽医协会联合会代表大会每2年举行一次。亚洲兽医协会联合会还担任了兽医教育工作组协调员，并与亚洲兽医学校协会（AAVS）和东南亚兽医学校协会（SEAVSA）合作，统一该区域的兽医教育，使之紧跟全球和区域趋势。

亚洲兽医协会联合会-东盟（ASEAN）的合作可使东盟经济共同体（AEC）为未来的变化和挑战做出更充分的准备。这种多样性也反映在畜产品的消费和生产趋势上。亚洲兽医协会联合会正在促进东盟兽医学校之间的学术合作和知识交流，以帮助找到方法来说明兽医教育在不久的未来对东盟经济共同体的重要性。

关键词

认可；亚洲兽医学校协会；亚洲；东盟；亚洲兽医协会联合会；食品安全；粮食保障；东南亚兽医学校协会；兽医教育。

亚洲兽医协会联合会的成立背景

亚洲兽医协会联合会是亚洲地区兽医协会的联合会，1978年成立于菲律宾马尼拉。由代表们批准拟议宪章和细则。亚洲兽医协会联合会成立34年来，已拥有20个成员，分别是阿富汗兽医协会（AVA）、澳大利亚兽医协会（AVA）、孟加拉国兽医协会（BVA）、中国香港兽医协会（HKVA）、印度兽医协会（IVA）、印度尼西亚兽医协会（IVMA）、日本兽医协会（JVMA）、韩国兽医协会（KVMA）、马来西亚兽医协会（VAM）、蒙古兽医协会（MVMA）、缅甸兽医协会（MVA）、尼泊尔兽医协会（NVA）、新西兰兽医协会（NZVA）、巴基斯坦兽医协会联合会（FVAP）、菲律宾兽医协会（PVMA）、新加坡兽医协会（SVA）、斯里兰卡兽医协会（SLVA）、中国台湾兽医协会（TwVMA）、泰国皇家兽医协会（TVMA）和越南兽医协会（VVA）。

亚洲兽医协会联合会的共同愿景是成为一个统一的专业协会，通过其为兽医行业做出的努力来满足该地区的兽医需求。使命是通过负责任的动物护理和动物福利以及统一专业协会的作用，提高该地区人民的生活质量。这需要亚洲兽医协会联合会成员之间的合作，为了发展兽医行业的共同目标，通过促进疫病控制、发展兽医教育、加强区域网络并与世界其他兽医网络连接来实现。

自 2011 年 2 月第 32 次亚洲兽医协会联合会理事会会议开始，亚洲兽医协会联合会实施了“亚洲兽医协会联合会战略计划（2010—2015 年）”。计划的重点是该地区的兽医教育，通过向成员提供宣传资源，强调“同一健康”的理念，特别是控制新发病和再发疫病的重大威胁，以及在亚洲兽医协会联合会理事会建立强有力的内部沟通和兽医教育程序，进而提高所有亚洲兽医协会联合会成员兽医的地位。

亚洲兽医协会联合会兽医教育委员会考虑了统一该地区兽医课程的可能性。这始于 1994—2004 年期间的亚洲兽医协会联合会交流计划。这也是得到了日本兽医协会支持的亚洲兽医协会联合会成果之一。共有 46 名来自亚洲国家的兽医接受了该计划下的培训。受训人员均得到了日本兽医协会和日本中央竞马会（JRA）的资助。在亚洲兽医协会联合会，部分沟通是通过代表理事会和每两年举行一次的亚洲兽医协会联合会代表大会进行。在亚洲兽医协会联合会代表大会上，与会者交流了科学信息和兽医行业信息（包括兽医教育发展信息）。目前，亚洲兽医协会联合会与亚洲兽医学校协会和东南亚兽医学校协会合作，遵循其使命，按照区域和全球要求及标准，帮助其成员提高兽医教育标准。

亚洲兽医协会联合会以在区域层面获得认可和认证为目标，继续努力协调成员兽医学校的兽医课程。所有亚洲兽医协会联合会成员都认识到了与国际组织合作的必要性，尤其是 OIE、联合国粮农组织（FAO）、世界兽医协会（WVA）和世界动物保护协会（WSPA）等。

亚洲兽医协会联合会认为十分有必要在东盟开设兽医课程。特别是，必须强调并商定某些学习目标标准。优质的课程、有效的学习和教学将确保兽医专业毕业生有能力并能够为动物卫生和生产做出贡献。同时有必要定义兽医专业毕业生的“DAY 1 毕业生能力”。课程应确保兽医专业毕业生获得全球标准所要求的技能和专业态度。兽医学校认证是提高兽医教育水平的重要策略。

亚洲兽医协会联合会在全球化中的作用

众所周知，动物卫生对人类和环境卫生有很重要的影响。几乎所有亚洲兽医协会联合会成员均为世界贸易组织（WTO）的成员，也是《服务贸易总协定》（GATS）和《关贸总协定》（GATT）的签署者。《服务贸易总协定》的目标之一是实现“成员服务贸易自由化”。2015 年东盟经济共同体将实施上述协议。这将鼓励亚洲兽医协会联合会成员行使东盟的一些关键职能，包括保障动物卫生与福利，改善公共卫生和食品安全。对亚洲或东盟地区的兽医教育和兽医专业而言，这是一项巨大挑战。兽医教育全球化表明，这些挑战不局限于亚洲，国际上也存在这些挑战。亚洲兽医协会联合会成员必须为克服这些挑战做好准备。

致 谢

作者谨向 Teodulo M. Topacio 教授、亚洲兽医协会联合会前主席与第一任秘书长、菲律宾大学洛斯巴诺斯分校的荣誉退休教授、亚洲兽医协会联合会理事会成员的代表、OIE、朱拉隆功大学东盟研究中心和泰国曼谷朱拉隆功大学兽医系表示诚挚谢意，感谢他们的鼓励和慷慨提供的信息支持。

最终建议

考虑到：

1. 需要提高或加强全世界各国的实力，以便在所有国家建立或维系国家动物卫生和兽医公共卫生系统，并能够对任何自然或人为引起的水生和陆生动物疫病暴发进行监测、早期检测和快速反应；

2. 出现新发动物疫病或已有动物疫病再次出现，跨界动物疫病的威胁日益上升，环境变化的影响，商品全球化和人员流动，在食品保障、食品安全、兽医公共卫生、动物福利和“同一健康”概念下新的社会需求；

3. 新生产系统的开发，新动物品种生产的发展（包括水产养殖），都需要更新兽医知识以及动物使用、动物卫生和动物福利方面的教育，并且开展更多研究；

4. 需要开展基础教育和继续教育项目，以便兽医学会应对新威胁，并在全球、地区和国家层面满足新的社会期望；

5. 高质量兽医的重要性和需求，以及需要国家和相关机构共同努力以解决高质量兽医教育的高成本问题；

6. 兽医专业在确保谨慎使用和控制兽用药品和疫苗方面的重要作用，需要加强兽医合理使用药品的教育，以及需要避免非注册兽医使用这些药品；

7. 兽医法定机构对兽医和兽医辅助人员的高质量教育（基础教育和继续教育）和有效监管是国家兽医机构公共和私营部门良好管理的支柱，良好管理还要求明确定义兽医和兽医辅助人员的作用和责任，持续改善兽医职业，并始终应用高水平的道德标准；

8. 社会对兽医职业有着高期望，特别是在保障兽医公共卫生、食品安全和动物福利方面；

9. 发展中国家特别迫切需要加强兽医机构和兽医法定机构的能力，以更好地遵守OIE标准，特别是关于兽医机构效能和良好管理的标准；

10. 截至2013年12月，OIE作为一个拥有178个成员的政府间组织，其任务是改善全球动物卫生和福利，促进动物和动物产品的安全贸易，并通过促进畜牧业生产为确保粮食安全提供支持，从而促进人类福祉并巩固动物在世界上的地位；

11. 根据OIE关于兽医机构质量的标准，特别是关于《陆生动物卫生法典》（陆生法典）第3.2.12条兽医法定机构和第3.4章兽医立法方面的规定，良好管理是使国家兽医部门至少完成国际社会建议的基本任务的关键，以便在国家、区域和全球层面上改善动物卫生和福利以及兽医公共卫生；

12. OIE通过成员自愿使用兽医机构效能评估路径，帮助成员改善兽医管理机制，并根据国际标准加强公共和私营部门的兽医能力，该途径注重可持续地长期加强动物卫生系统的实力。成员自愿使用兽医机构效能评估路径，作为OIE兽医机构效能评估的一部分，将在动物卫生和福利、兽医立法、兽医教育和兽医法定机构效能方面评估国家的能力；

13. OIE 成员在兽医执照/注册、认证和监测程序及兽医法定机构的立法管理之间存在差异，并且许多国家缺乏符合 OIE 标准的兽医法定机构或同等机构；

14. 需要加强区域一体化和兽医的跨界流动，特别是满足那些无法提供高质量兽医教育资源的国家的需求；

15. 在许多国家，私人兽医和专业兽医协会没有充分参与支持兽医机构政府部门的活动，而且普遍需要建立更有效的公私伙伴关系；

16. OIE 需要继续发挥领导作用，政府和相关组织需要加大紧密合作，支持那些渴望改善兽医机构公共和私营部门的管理及效能的国家；

17. 继第一届和第二届 OIE 全球兽医教育大会（分别于 2009 年和 2011 年举行）的决议之后，OIE 发布了重要的指导文件，包括确保兽医服务质量的“兽医毕业生（公共和私营部门）DAY 1 工作能力的建议”和“兽医教育核心课程指南”；

18. 2011 年 4 月，OIE 非洲区域代表处在马里举行了一次关于兽医法定机构作用的会议。会议建议 OIE 增加兽医法定机构的标准以及 OIE 兽医机构效能评估工具中关键能力的标准，并呼吁建立一个结对机制，以便在 OIE 成员兽医法定机构之间传播专业知识和经验；

19. OIE 制定了兽医法定机构结对方案，并出版了《兽医法定机构结对项目指南》(2013)；

20. OIE 制定了兽医教育机构（VEE）结对方案，并出版了《兽医教育结对项目指南》(2018 年)；

21. 几乎可以在世界各地获得通信技术和数据交换新技术；

22. 对兽医教育机构的系统评估和由此产生的实施建议可能对兽医教育质量产生积极影响；

23. 为满足国家对兽医的需求（或同时与国外兽医签订合同）而调整兽医教育机构数量，在适当的情况下及符合提高兽医教育质量的国家战略下，减少兽医教育机构的数量，可能会对一个国家的兽医教育质量产生积极影响；

24. 需要在国家和国际层面上建立或加强兽医教育机构、兽医法定机构和兽医机构主任之间的合作；

25. 需要在区域和国际层面上建立或加强兽医教育机构、认证组织和兽医法定机构网络；

26. 兽医教育除了需要考虑全球最低要求之外，还需要考虑国家和地方情况；

27. 信息时代的最佳实践教学要求转向以学生为中心的探究式方法，确保学生受到兽医理论和实践技能两方面的教育，终身学习并全面参与课程制定；

28. 需要在兽医教育和研究中使用动物，并尊重它们的福利，如《陆生法典》第 7.8 章所述；

29. 本次会议的参与者愿意积极参与实施关于兽医教育质量、良好管理和兽医法定机构效能的全球性建议。

OIE 成员应当：

1. 做出以下承诺：（ⅰ）支持 OIE 大会上民主通过的标准以及促进兽医教育发展的指南；（ⅱ）实施这些标准和指南，包括将国家兽医立法和兽医教育目标与 OIE 的标准和指南相协调；

2. 采取措施，在必要时遵循适合国家和地区情况的 OIE 兽医机构效能路径，促进国家兽医机构公共和私营部门的质量符合国际标准；已经进行兽医机构效能评估的国家应考虑评估结果，并酌情采取相关的后续步骤，例如 PVS 差距分析（PVS 成本计算工具）和兽医立法鉴定任务，以改善对 OIE 兽医机构质量标准和其他相关国际标准的总体遵守情况；

3. 视国家和地方情况而定，采取措施支持 OIE 兽医教育最低要求指南的实施，包括 DAY 1 毕业生能力和兽医教育核心课程，；

4. 鼓励兽医教育机构实施 OIE 兽医教育指南，目标是改善全球兽医的基础教育和继续教育；

5. 如果尚未建立兽医法定机构，则先建立兽医法定机构，并执行《陆生法典》第 3.2.12 条中关于兽医法定机构的 OIE 标准。兽医法定机构应在适当情况下采取措施，通过只认证从高质量教育项目毕业的兽医来提高国家兽医服务的质量（即项目被公认的认证机构认可和/或项目符合 OIE 推荐的 DAY 1 毕业生能力和兽医教育核心课程要求）；

6. 可以在 OIE 兽医立法支持项目的协助下发展兽医立法或使其现代化，以符合 OIE 规范兽医行业的标准，并谨慎使用兽用医疗产品；

7. 鼓励兽医教育机构遵守 OIE DAY 1 毕业生能力指南和兽医教育核心课程的要求，同时结合当地情况，为在兽医课程开发和教学实践中实现国际最佳操作实践而不断努力；

8. 鼓励兽医法定机构和兽医教育机构对话，以加强兽医法定机构的影响力，并促进高质量专业人员的需求与兽医教育机构数量之间的适当平衡；

9. 如“考虑到”一节第 27 点所述，鼓励其兽医教育机构采用最佳操作实践，并通过开源平台或类似机制分享教育资料和建立网络；

10. 在兽医教育和研究中使用动物时，通过实施《陆生法典》第 7.8 章中的标准，为动物福利提供适当保障。

要求 OIE：

1. 继续利用所有相关支持机制，包括独立评估、兽医立法支持方案、结对方案，特别是兽医教育、PVS 差距分析（PVS 成本计算工具）和 PVS 后续任务，制定和实施兽医机构效能提升程序；

2. 继续与成员以及包括国际学生组织在内的区域和全球组织密切合作，支持提高兽医教育质量（包括基础教育和继续教育），并协调相关机构承认兽医资格，包括经过兽医法定机构；

3. 增加与各国政府和捐助者的合作，支持那些希望参与兽医教育机构结对项目并且其国家兽医法定机构或同等机构符合国际标准的国家；

4. 在兽医机构效能路径的框架范围内，考虑建立或加强机制，支持在国家兽医机构人员的基础教育和继续教育基础上评估其公共和私营部门的质量，特别是在目前公认的教育评估体系不适用的地方；

5. 如有必要，鼓励建立由兽医法定机构或者具有授权认证资格兽医教育机构的同等组织参与的区域协会，这将有助于建立一份经过适当外部审计后接受区域认证的兽医教育机构的名单（外部审计的标准为整个区域所接受），以促进适当的兽医人员流动；

6. 为 OIE 成员、相关区域和国际组织提供信息，制定关于兽医法定机构组织和运行的最佳实践指南，包括立法基础、兽医法定机构和公立私营兽医伙伴关系的建立；

7. 通过兽医在保护公共卫生、动物卫生和福利以及环境卫生方面的贡献，继续提高国家兽医机构公众和私营部门、兽医行业和其他合作伙伴对国际社会健康和福祉的重要作用的认识；

8. 继续与各国政府和捐助者合作，鼓励它们进行可持续投资，通过提供适当立法和实施立法所需的人力和财政资源以及高质量的兽医教育，提高兽医机构公共和私营部门的质量和效能；

9. 联络成员和世界兽医协会，根据附加建议中详述的条件，建立全球兽医教育机构名单；

10. 考虑加强现有宣传材料的手段，包括在线教育资料的开发，并作为工具，协助代表和指定国家联络点更有效地参与 OIE 程序；

11. 联络区域和国际相关组织，以便：

(a) 采取措施，鼓励和支持兽医法定机构或同等机构、相关的国家或区域官方认证机构和兽医教育机构之间的合作，协调评估教育方案：目标是促进符合 OIE 指南的教育体系区域一体化和兽医的区域流动，特别是满足那些无法获得这些专业教育和培训项目的国家的需求；

(b) 根据“同一健康”理念，鼓励加强动物卫生和人类健康教育体系之间的合作；

(c) 优先考虑兽医教育基础设施所需的投资，以持续强化国家兽医机构的公共和私营部门。

最终附加建议

（针对 OIE 的第 9 号相关建议）：
OIE 成员的兽医教育机构报告

鉴于：

1. OIE 倡导注重高质量的兽医教育；

2. 兽医教育的质量在世界各地有很大差异，高质量兽医教育对于国家兽医机构公共和私营部门有效提供服务至关重要；

3. 一般认为 OIE 在促进全球兽医教育的改善方面发挥了重要作用；

4. OIE 在全球改善和加强兽医教育方面做出的努力如下：

(a) 建立有效提供高质量兽医服务的最低能力要求；

(b) 协调关键课程要素，促进兽医人员的国际流动；

(c) 协调全球认证兽医教育机构的方法；

(d) 为兽医法定机构对兽医行业的有效管理提供指导；

5. 世界兽医协会掌握部分讯息，但目前没有涵盖所有 OIE 成员的全球公认的兽医教育机构清单；

6. 现有兽医教育机构的数量和基本信息的可靠资料，对于实现 OIE 倡导的既定教育目标至关重要，包括兽医法定机构对每个成员所负责的活动的监督。

与会者建议：

1. OIE 成员和世界兽医协会向 OIE 提供信息，以建立一个全球公认的兽医教育机构清单，包括报告制度：每 5 年每个成员向 OIE 提供一次关于本国现行兽医教育机构的基本信息；

2. 关于指定国家现有兽医教育机构的报告至少包括以下信息：

(a) 兽医教育机构的名称：

(b) 学术机构：

(c) 地址/城市/国家：

(d) 网站（URL）：

(e) 机构类型：私营________，公共________，其他________

(f) 成立年份：

(g) 被授予的兽医学位：

(h) 每届/年兽医学生人数：

(i) 每届/年兽医毕业生平均人数：

(j) 兽医教育年限：

(k) 入学所需的最低学历：

(l) 提供的其他学位：

(m) 国家认可/认证/批准：是________，否________

如果是，认证机构、授予日期、认证期限以及属于自愿还是强制：

(n) 地域认可/认证/批准：是________，否________

如果是，认证机构、授予日期、认证期限以及属于自愿还是强制：

(o) 任何形式的国际认可/认证/批准：是________，否________

如果是，请提供简要说明：

3. OIE 成员在 5 年报告周期之间的过渡年份内，在本土运营的兽医教育机构的数量发生变化时，需更新其信息；

4. 汇编和维护 OIE 数据库中关于现有兽医教育机构的信息，并在 OIE 网站上公布。

图书在版编目（CIP）数据

OIE全球兽医教育和兽医法定机构大会纪实 / 世界动物卫生组织（OIE）编；中国动物卫生与流行病学中心组译；李卫华，王媛媛，王岩主译．—北京：中国农业出版社，2022.9

书名原文：Proceedings of the OIE Global Conference on Veterinary Education and the Role of the Veterinary Statutory Body

ISBN 978-7-109-30188-7

Ⅰ.①O… Ⅱ.①世… ②中… ③李… ④王… ⑤王… Ⅲ.①兽医学－国际会议－概况 Ⅳ.①S85

中国版本图书馆CIP数据核字（2022）第203008号

ISBN：978-92-9044-985-0

OIE QUANQIU SHOUYI JIAOYU HE SHOUYI FADING JIGOU DAHUI JISHI

中国农业出版社出版
地址：北京市朝阳区麦子店街18号楼
邮编：100125
责任编辑：刘　伟
版式设计：杜　然　　责任校对：刘丽香
印刷：中农印务有限公司
版次：2022年9月第1版
印次：2022年9月北京第1次印刷
发行：新华书店北京发行所
开本：787mm×1092mm　1/16
印张：9.75
字数：260千字
定价：80.00元